Gerda Dirx

Kuscheltiere selber nähen

Das Mäuse-ABC
K = Katze
Speck

Gerda Dirx

Kuscheltiere selber nähen

Zum Spielen und Liebhaben
Mit Vorlagen in Originalgröße

Augustus Verlag

Inhalt

Vorwort

Mit diesem Buch möchte ich Ihnen einige Kuscheltiere vorstellen, die mit ihren Nicki-Kleidern so richtig zum Knuddeln geeignet sind.

Kleine Kinder lieben Weiches, Kuscheliges. Es gibt ihnen Wärme, vermittelt Wohlbehagen und Zufriedenheit. Kuscheltiere sind aber nicht nur Einschlafbegleiter. Sie werden auch gerne überallhin mitgenommen und verbreiten in jeder Situation angenehme Gefühle.

Sorgen und Kummer werden den kuscheligen Freunden anvertraut, Ärger mit ihnen abreagiert, aber natürlich auch jede Freude mit ihnen geteilt.

Kinder behandeln ihre Kuscheltiere wie Menschen. Warum sollte das Lieblingsspielzeug dann nicht auch ein bißchen menschlich gestaltet und sogar pfiffig angezogen sein?

Eine besondere Freude bereiten Sie Ihrem Kind mit einem selbstgemachten Kuschelgefährten. Und es ist nicht schwierig, eine solches Kuscheltier herzustellen. Die Schnittmuster wurden so gestaltet, daß ein Zusammensetzen leicht gelingt. Und wenn Sie mal ein originelles kleines Geschenk suchen, dann werden Sie auch hier fündig – von der Babyrassel bis zur Hochzeits-Maus ist alles einfach nachzuarbeiten.

Viel Erfolg und vor allem viel Spaß wünsche ich Ihnen beim Nähen und Nachbasteln, und den Kindern wünsche ich viel Spaß beim Spielen und Kuscheln.

Ihre
Gerda Dirx

Erläuterungen zum Schnittmusterbogen

Die Buchstaben A, B, C usw. in den Schnittmustern kennzeichnen die Reihenfolge, in der die Nähte zusammengenäht werden.

Pfeil

Die Pfeile weisen auf die Verlaufrichtung des Plüsches, des Nickistoffes oder des Fadenlaufes der Webstoffe hin. In dieser gekennzeichneten Richtung wird das Schnittmuster aufgelegt und der Stoff zugeschnitten.

Bei flauschigen Stoffen können Sie die Richtung erfühlen, indem Sie über den Stoff streichen. In Pfeilrichtung läßt sich der Stoff glatt und gleichmäßig streichen, entgegen dieser Pfeilrichtung spüren Sie einen Widerstand und sehen, daß sich das Fell oder der Flor aufrichtet.

Sternchen

An den Nasenspitzen der Schnittmuster der einzelnen Tiere und an der Spitze des Kopfmittelteiles befinden sich Sternchen. An dieser Stelle beginnen Sie jeweils mit der Naht über die Kopfmitte zum Hals.

Kreis oder Karo

An diesen Stellen treffen gekennzeichnete Schnittmusterteile aufeinander, z.B. Fußspitze und Ferse eines Fußes mit der Fußsohle.

Zahlen

Nur im Schnittmuster für den Fuchs wurden Zahlen verwendet. Die Teile mit den entsprechenden Zahlen müssen aneinandergenäht werden (siehe Seite 32), wobei auch hier die Reihenfolge der Nähschritte durch die Buchstabenkennzeichnung angegeben wird.

Allgemeine Arbeitshinweise

Alle *Schnittmuster* sind in Originalgröße auf dem Vorlagenbogen aufgezeichnet. Die Schnittmuster sind mit dem Namen des jeweiligen Kuscheltiers und einer Größenangabe in Zentimetern versehen, die Sie auch in den Anleitungen wiederfinden.

Wenn Sie die Schnittmuster mit dem Kopierer verkleinern oder vergrößern, können Sie jedes Tier in der von Ihnen gewünschten Größe anfertigen.

Bevor Sie die Arbeit an einem Kuscheltier beginnen, sollten Sie auf jeden Fall die *Allgemeinen Hinweise* und alle *Schritt-für-Schritt-Erklärungen* durchlesen, da einige grundlegende Arbeitsschritte in den später folgenden Anleitungen nicht wiederholt werden.

Beachten Sie bitte auch die *Materialtabelle,* die eine Übersicht gibt über den Stoffverbrauch für die Anzüge, die Proportionen der Tiere, den Bedarf für den Schlauchverband oder die Füllwatte u.a.

Es ist ratsam, die *Schnittmusterteile,* die spiegelbildlich bzw. gegengleich (Kopf) und mehrfach benötigt werden (Pfoten, Füße und Sohlen), in der benötigten Stückzahl zu kopieren. Übertragen Sie die Schnittmuster zur besseren Unterscheidung auf unterschiedlich farbigen Tonkarton. Schneiden Sie die Schnittmusterteile mit einer Papierschere aus. Übertragen Sie alle Zeichen und Zahlen auf die einzelnen Schnittmusterteile. Vor dem endgültigen Zuschneiden legen Sie alle Teile auf die Rückseite des Webplüsches und versuchen durch unterschiedliches Legen den geringsten Stoffverschnitt herauszufinden.

Für alle Kuscheltiere über 20 cm Größe habe ich *Zuschneidepläne* angefertigt. Sie sind eine zusätzliche Hilfe und ein Hinweis für materialsparenden Zuschnitt.
Für die kleinen Tiermodelle sowie für die Pfoteninnenseiten und Sohlen habe ich keine Zuschneidepläne angefertigt, sondern lediglich den Stoffbedarf angegeben.

Die Füße einiger Tiere sind untereinander austauschbar. Sie können z.B. den Mäusen Füße mit weißen Sohlen nähen, deren Schnittmuster Sie bei den Bären wiederfinden, und umgekehrt können Sie den Bären die abgerundeten Füße nähen, die in den Schnittmustern der Mäuse enthalten sind.

Alle *Nähte,* mit Ausnahme der Nähmaschinennähte, sollten Sie mit einem absolut reißfesten Garn nähen. Zwirn ist nicht das geeignete Nähmaterial, damit könnten die Nähte in kürzester Zeit auseinanderreißen.

Alle zugeschnittenen Stoffteile für Kopf, Pfoten, Füße oder Anzug sollten Sie mit der Nähmaschine im Zick-Zack-Stich umsäumen. Damit ist gewährleistet, daß die Nähte nicht so leicht ausfransen und auf jeden Fall das *Waschen* überstehen. Benutzen Sie dazu ein Feinwaschmittel und bereiten Sie ein handwarmes Bad vor. Spülen Sie die Waschmittelrückstände mit klarem Wasser aus. Wickeln Sie das nasse Tier dann in ein Frotteetuch und drücken Sie vorsichtig so viel Wasser wie möglich heraus. Dann wickeln Sie das Kuscheltier in ein trockenes Frotteetuch und legen es zum Trocknen auf die Heizung oder in die Sonne. Nach dem Trocknen bringen Sie den Plüsch mit Kamm oder Bürste wieder in Form.

Sticharten

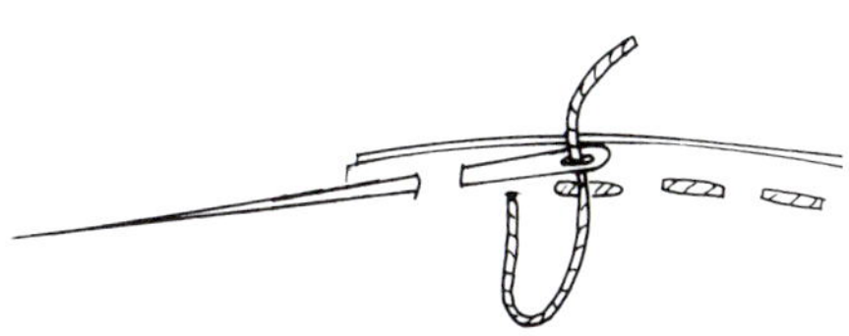

Vorstich, Kräuselstich, Reihstich

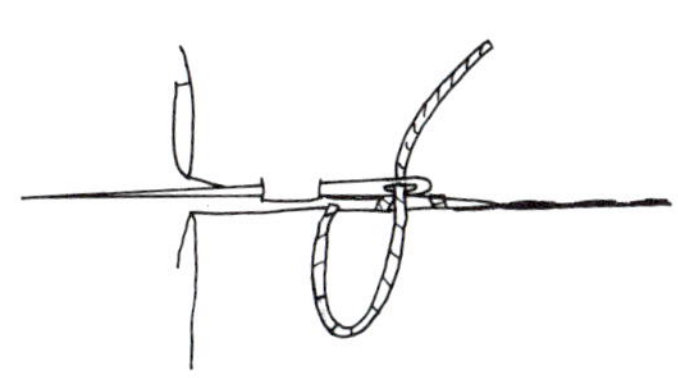

Matratzenstich

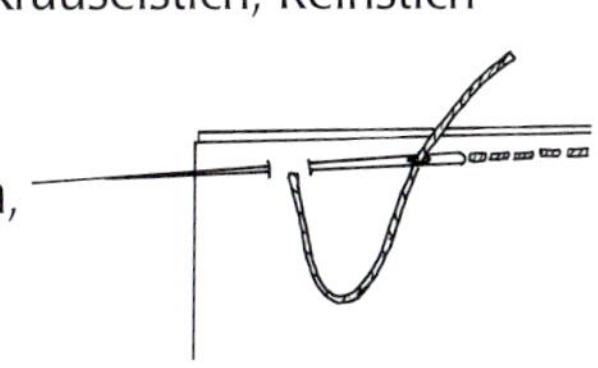

Steppstich, Rückstich

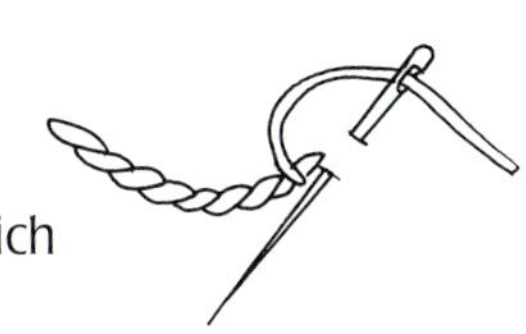

Stielstich

Material und Werkzeuge

Folgende Materialien benötigen Sie für die Kuscheltiere:
Web- oder Strickplüsch, Pfotenfilz oder Pfotensamt, Tieraugen, Tiernasen, Sticktwist oder Perlgarn, Füllwatte, Kunststoffgranulat, Wattevlies, Schlauchverband in unterschiedlichen Breiten, Nickistoffe, Web- oder Druckstoffe, Kragenspitze, Baumwollschrägband, Satinband, reißfestes Handnähgarn, Maschinennähgarn in den Farben der zu verarbeitenden Stoffe, Lockenwolle, Wolle, Bündchenstoff, Barthaare, Nylonfaden, Gummilitze (3 bis 4 mm breit), schwarze/weiße Plüschpompons, farbige Baumwollkordel.

Transparentpapier, Fotokarton, selbstlöschender Stift (Phantomstift) zum Übertragen der Schnittmusterteile.

Brummstimme, Rasseldosen, farbige Schellen, Holzringe mit Durchmesser 3 cm und 10 cm.

Folgende Werkzeuge müssen Sie bereitlegen:
Strick- und Häkelnadeln, Stecknadeln, Schere, Maßband, stumpfe Sticknadel, Stopfnadeln, 12 cm lange Puppen- oder Bärennadel, Werkzeug zum Anpressen der Sicherheitsscheiben, Stopfwerkzeug oder Holzlöffelstiel, Zange.

Eine Nähmaschine ist für die Herstellung der Tiere nicht unbedingt nötig, alle Nähte lassen sich auch von Hand anfertigen und sind mit starkem, reißfestem Garn genäht sehr haltbar. Für die Nickianzüge ist aber eine Nähmaschine von Vorteil, da die Schnittmuster teilweise ziemlich groß sind. Die Nähte sehen auch exakter und gleichmäßiger aus, wenn sie mit der Maschine genäht wurden.

Materialtabelle

Größe des Kuscheltieres	50 cm	45 cm	40 cm	35 cm	30 cm	25 cm	20 cm	15 cm
Proportionen Kopf	13 cm	12 cm	10 cm	9 cm	7,5 cm	6,5 cm	5 cm	4 cm
Bauch	19 cm	17 cm	15 cm	13 cm	11 cm	9 cm	6,5 cm	5 cm
Beine	22 cm	20 cm	18 cm	16 cm	14 cm	12 cm	10 cm	8 cm
Länge der Arme	20 cm	18 cm	16 cm	14 cm	12 cm	10 cm	8 cm	6 cm
Bauchumfang	40 cm	34 cm	31 cm	26 cm	22 cm	19 cm	16 cm	13 cm
Wattevlies für den Bauch Breite/Länge	17 cm x 2 m	15 cm x 1,7 m	13 cm x 1,5 m	11,5 cm x 1,20 m	9,5 cm x 1 m	7,5 cm x 80 cm	6 cm x 50 cm	4,5 cm x 30 cm
Schlauchverband für den Bauch Breite/Länge	8 cm / 38 cm	6,5 cm / 34 cm	6,5 cm / 30 cm	6,5 cm / 26 cm	4 cm/ 25 cm	4 cm / 22 cm	3 cm / 18 cm	3 cm / 16 cm
Schlauchverband Arme und Beine (Breite/Länge)	4 cm / 1,4 m	4 cm / 1 m	3 cm / 80 cm	3 cm / 70 cm	2,5 cm / 68 cm	2,5 cm / 64 cm	2,5 cm / 60 cm	1,5 cm / 44 cm
Füllwatte ca.	250 g	220g	200g	150 g	120 g	90 g	70 g	50 g
Stoffbedarf Hose Höhe x Breite	34 cm x 88 cm	30 cm x 80 cm	26 cm x 68 cm	22 cm x 56 cm	19 cm x 48 cm	16,5 cm x 43 cm		
Stoffbedarf Oberteil Höhe x Breite	15 cm x 120 cm	14 cm x 108 cm	12 cm x 92 cm	10 cm x 76 cm	8,5 cm x 64 cm	8 cm x 56 cm		
Kompletter Anzug Höhe x Breite			37 cm x 104 cm	32 cm x 80 cm	27,5 cm x 76 cm		20 cm x 54 cm	14,5 cm x 40 cm
Baumwollspitze Höhe x Breite		8 cm x 40 cm	6 cm x 40 cm	5 cm x 35 cm		3 cm x 25 cm		
Baumwollschrägband, gefalzt, 12 mm breit oder Satinband		50 cm	50 cm	45 cm		40 cm		

Kuschelbären unter sich

Alle Bären und größeren Tiere der folgenden Kapitel sind nach dem gleichen Grundprinzip gearbeitet, das hier am Beispiel von Sammy (ganz links im Bild auf Seite 12) detailliert beschrieben wird.

Sammy

Größe 45 cm

Schnittmuster

siehe Vorlagenbogen Seite A und D

Das wird gebraucht

- *Mohairwebplüsch, beige, 40 cm x 40 cm*
- *Pfotenfilz, 10 cm x 25 cm*
- *Glasaugen, Ø 14 mm, dunkelbraun*
- *Perlgarn, schwarz (für Nase und Schnauze)*

Darüber hinaus benötigtes Material entnehmen Sie der Tabelle auf Seite 9.

So wird's gemacht

Zuschneiden

① Legen Sie die Schnittmusterteile für den Kopf, die Pfoten und die Füße auf die Rückseite des Webplüsches, die Pfoteninnenseiten und die Sohlen legen Sie auf Pfotenfilz oder Pfotensamt.

② Zeichnen Sie mit einem Filzstift oder einem selbstlöschenden Stift die Konturen auf. Alle Teile werden mit ca. 0,5 bis 0,7 cm Nahtzugabe ausgeschnitten. Beim Zerschneiden des Plüsches achten Sie darauf, daß Sie mit der Scherenspitze nur die Rückseite des Web- oder Strickstoffes zerschneiden und den Plüsch dabei nicht beschädigen.

Es ist wichtig, daß Sie alle Nähte genau auf der vorgezeichneten Linie ausführen. Beginnen Sie mit den Pfoten und Ohren.

Zusammennähen

③ Legen Sie die Teile mit den rechten Seiten aufeinander. Jede Naht müssen Sie zuerst von Hand im Reihstich (siehe Seite 7) nähen und danach die Nähmaschinennaht ausführen, da der Plüsch unter der Nähmaschine verrutschen könnte. Der Reihfaden kann anschließend wieder entfernt werden.

An den Füßen nähen Sie zuerst die rückwärtige Naht, dann die vordere Naht, zuletzt die Sohlennaht.

①

②

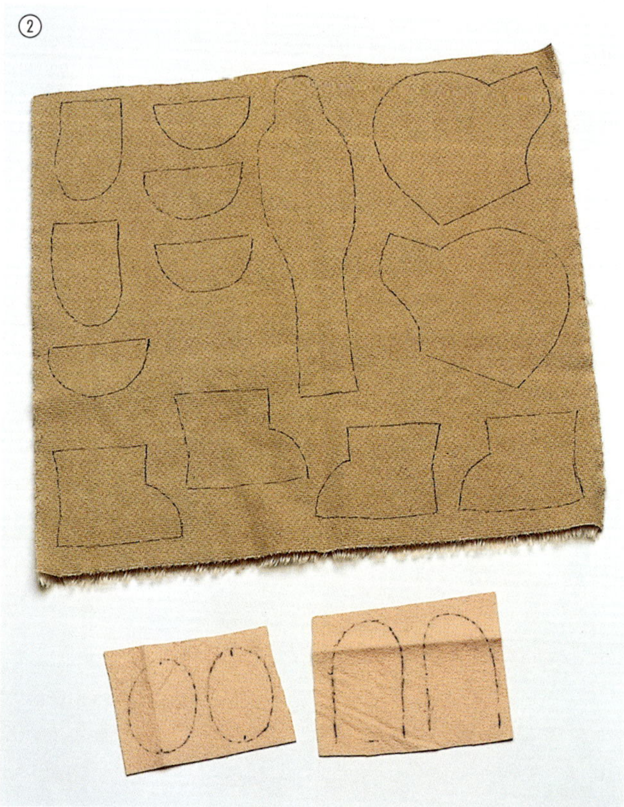

③

Am Kopf beginnen Sie mit der Kinnnaht.

④ Nähen Sie das Kopfmittelteil ein. Beginnen Sie dabei jeweils vorne an der Schnauze, und nähen Sie über die Kopfmitte zum Nacken. Wenn alle Plüschteile genäht sind, zupfen Sie mit einer Nadel die Härchen nach außen, die unbeabsichtigt in die Naht eingenäht wurden.

④

Augen, Nase und Schnauze

⑤ Aus Sicherheitsgründen ist es manchmal erforderlich, Augen und Nasen mit Sicherheitsscheiben zu verarbeiten. Grundsätzlich empfehle ich, für Kleinkinder unter 3 Jahren keine Kunststoffaugen mit Ösen oder Glasaugen zu verwenden.
Es besteht die Gefahr, daß sich ein Auge löst und das Kind es in den Mund nimmt und verschluckt.

Falls Sie die Nase nicht sticken möchten und auch Augen mit Sicherheitsscheiben verwenden, müssen Augen und Nase eingearbeitet werden, bevor der Kopf mit Watte gefüllt wird. Markieren Sie mit Glaskopfstecknadeln die Punkte, an denen Sie die Augen einarbeiten möchten. Die Nase wird

⑤

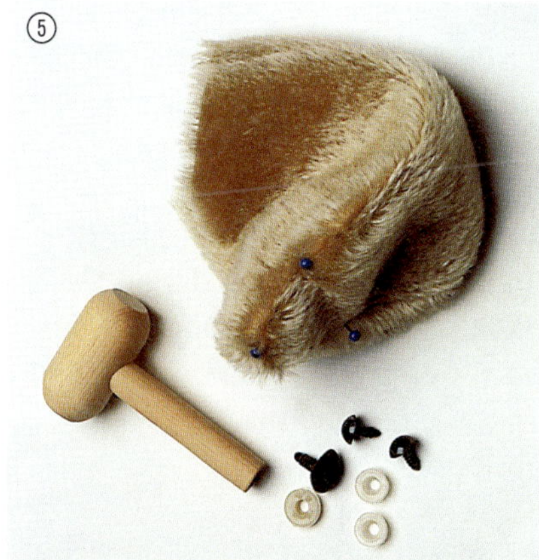

dort eingestanzt, wo die Kinnaht mit dem Kopfmittelteil zusammentrifft. Bohren Sie mit einer dicken stumpfen Sticknadel ein kleines Loch in die markierte Stelle, oder schneiden Sie mit einer spitzen Schere ein winziges Loch in den Stoff, und stecken Sie dort den Stift des Auges hinein. Auf der Rückseite setzen Sie die Sicherheitsscheibe darauf und pressen diese mit einem Scheibenanpresser fest.

⑥ Wenn Sie Glasaugen verwenden möchten und die Nase aufsticken, füllen Sie den Kopf zuerst mit Bastelwatte fest auf. Vor dem Einfüllen der Bastelwatte werden alle Nähte auf Haltbarkeit geprüft. Zum festen Stopfen können Sie den Holzstiel

⑥

eines Kochlöffels oder ein speziell für die Stofftierfabrikation entwickeltes Stopfwerkzeug benutzen (wie es im Foto Seite 8 zu sehen ist).

Markieren Sie mit Glaskopfstecknadeln die Stellen, an denen Sie die Augen einnähen möchten. Je nach Geschmack wählen Sie einen engen oder einen weiten Augenabstand.

Wenn es Ihnen gefällt, können Sie den Flor von der Nasenspitze bis zu den Augen und auch seitlich um die Nasenspitze herum mit einer spitzen Schere komplett abschneiden oder auf eine einheitliche Länge stutzen.

Die Stelle, an der die Nase gestickt wird, kann kahl geschoren werden, dann fällt das Sticken leichter und der Flor steht nicht zwischen den Stickstichen hervor.

⑦ Auf hellem Stoff können Sie vor dem Sticken die Umrisse der Nase mit einem selbstlöschenden Stift vorzeichnen. Auf dunklem Stoff markieren Sie die Konturen mit Stecknadeln.

⑦

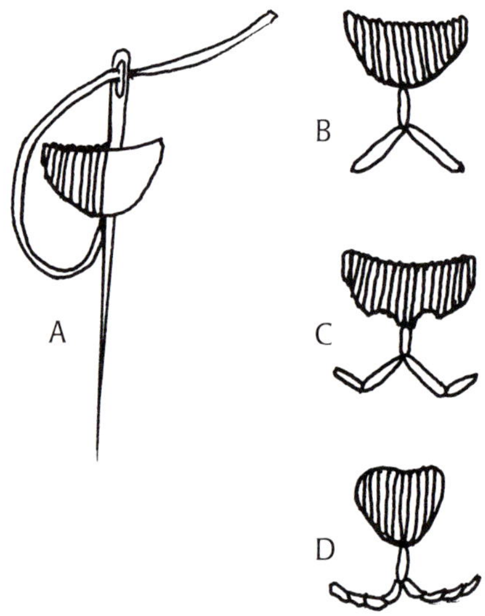

Benutzen Sie eine Stopfnadel, und fädeln Sie einen langen Faden Perlgarn oder Sticktwist ein. Am Ende verknoten Sie den Faden mehrfach. Durch die Halsöffnung und durch die Füllwatte hindurch stechen Sie mit der Nadel zur Nasenspitze. Den Faden ziehen Sie stramm. In der Füllwatte bleibt der dicke Knoten stecken, so daß Sie den Fadenanfang nicht durch Vernähen sichern müssen. Beginnen Sie in der Mitte mit langen Stichen (siehe Skizze A), die zu beiden Seiten kürzer werden. Die senkrechten Stiche liegen eng nebeneinander und auch übereinander. Sticken Sie solange, bis von dem Stoffuntergrund nichts mehr zu sehen ist.

Die Schnauze sticken Sie wie folgt: In der Mitte abwärts sticken Sie einen einzelnen senkrechten kurzen Stich und daran anschließend seitlich nach rechts und links je einen Stich (siehe Skizze B) oder zwei Stiche (siehe Skizze C) für die Mund- bzw. Schnauzenwinkel.

Die Skizze D zeigt eine Hasennase.

Füllen und Zusammensetzen der Teile

⑧ Wenden Sie Füße und Pfoten auf die rechte Seite und füllen Sie alle Teile mit Füllwatte fest auf.

⑨ Rund um die Füße und Pfoten nähen Sie den Schlauchverband (25 cm lang, 4 cm breit) gut fest (siehe Rückstich Seite 7). Der Schlauchverband wird locker mit Bastelwatte aufgefüllt.

⑩ Die Schlauchenden der Arme werden zugebunden, die Schlauchenden der Beine vorerst mit Stecknadeln verschlossen.

⑪ Entlang der Halsöffnung nähen Sie den Schlauchverband (35 cm lang, 6,5 cm breit) ebenfalls mit einer gut haltbaren Naht (Rückstich siehe Seite 7) fest.

⑧

⑨

⑩

Aus Wattevlies (1,7 m lang, 15 cm breit) wickeln Sie eine Rolle mit einem Umfang von 34 cm. Das Ende der Watterolle kann mit einigen großen Stichen festgeheftet werden. Dicht unter dem Bärenkopf legen Sie die Watterolle an und ziehen den Schlauchverband sehr stramm darüber. Die Öffnung wird, wie bei den Armen, fest zugebunden. Das Ende des Schlauchverbandes wird bis auf 2 cm gekürzt, unter der Rolle glattgestrichen und gut festgenäht.

Soll der Bär eine Brummstimme haben, kann diese in die Rolle eingearbeitet werden. Entsprechend der Größe der Brummstimme wird dafür vor dem Aufrollen ein Stück Vlies aus der Mitte herausgeschnitten.

Die genähten Ohren wenden Sie auf die rechte Seite. Die Schnittkanten werden ca. 0,7 cm nach innen eingeschlagen. Mit Stecknadeln

⑪

⑫

stecken Sie die Ohren zunächst am Bärenkopf fest. Bereiten Sie eine Nadel mit reißfestem Garn und einem Knoten am Fadenende vor. In die Unterkante des Ohres einstechen, Faden gut vernähen. * Hinter dem Ohr in den Kopf einstechen und vor dem Ohr mit der Nadel herauskommen. In die Unterkante des Ohres einstechen und hinten wieder herauskommen. Diesen Vorgang ab * solange wiederholen, bis das Ohr fest angenäht ist.

⑫ Zum Einnähen der Augen benutzen Sie stabiles, absolut reißfestes Garn. Fädeln Sie den Faden in die Drahtöse des Glasauges. Mit einer Flachzange kneifen Sie die Öse fest zusammen.

Fädeln Sie beide Fadenenden in eine ca. 12 cm lange Nähnadel (Puppen- oder Bärennadel). Mit einer stumpfen Sticknadel bohren Sie ein kleines Loch in den Stoff und stechen an dieser Stelle die

⑬

Nadel ein. Zielen Sie genau in den Nacken des Bären, zu der Stelle, an der Schlauchverband und Plüsch aneinandergenäht sind. Mit dem zweiten Glasauge verfahren Sie genauso und lassen die Nadel nur wenige Millimeter neben dem ersten Faden herauskommen.

Beide Fadenenden werden strammgezogen, verknotet und verdeckt im Bärenplüsch vernäht.

⑬ Die Arme werden an den Schultern und die Beine am unteren Rand der Rolle fest angenäht. Stecknadeln wieder entfernen.

Zuschneiden und Nähen des Anzugs

⑭ Die Teile des Anzugschnittmusters legen Sie auf die Rückseite des Nickistoffes und zeichnen mit einem selbstlöschenden Stift die Umrisse auf. Alle Teile werden mit ca. 0,5 bis 0,7 cm Nahtzugabe zugeschnitten. An den Ärmel- und Beinöffnungen werden für den Einschlag 2 cm Stoff zugegeben.

⑮ Die Hosenmittelnaht A wird zugenäht.
Die Hosentaille B wird eingekräuselt auf die Weite des Oberteils (ca. 22 cm).

⑯ Die Taillennaht B wird zusammengenäht.

⑰ Die Schulternähte C und die Seitennähte D werden zugenäht.

⑱ Die Schnittkanten der Ärmel und Beinöffnungen werden ca. 2 cm nach innen eingeschlagen. 1 cm vom Rand entfernt werden mit reißfestem Garn Fäden im Kräuselstich (Vorstich siehe Seite 7) eingenäht.

Durch die Halsöffnung wird der Anzug dem Bären angezogen.

⑭

⑮

16

17

Zuerst ziehen Sie den Faden an der Halsöffnung zu. Sie verknoten den Faden und vernähen die Fadenenden rund um die Halsöffnung, so daß der Stoff sehr gut festgenäht ist.

An den Ärmel- und Beinöffnungen verfahren Sie genauso. Mit einem Lätzchen, Spitzenkragen oder mit Schleifenbändchen können Sie den Bären nun noch verschönern.

18

Nähen eines Spitzenkragens

Wenn Sie einen Spitzenkragen nähen möchten, benötigen Sie für den 45 cm großen Bären ca. 50 cm weißes gefalztes Baumwollschrägband (12 mm breit) und Baumwollspitze (8 cm breit und 40 cm lang). Die Seitenkanten der Baumwollspitze nähen Sie ca. 0,7 cm nach innen um. Am oberen Rand nähen Sie mit der Nähmaschine einen Kräuselfaden ein. Messen Sie am Bären den Halsumfang, und kräuseln Sie die Spitze auf dieses Maß (hier ca. 18 cm) ein.

Legen Sie die gekräuselte Spitze in die Mitte des Baumwollschrägbandes.

Klappen Sie das Schrägband zusammen.

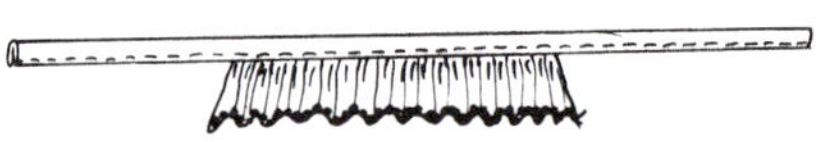

Mit einem Reihstich (siehe Seite 7) nähen Sie von Hand die Außenkanten des Baumwollschrägbands zusammen, danach nähen Sie die Naht mit der Nähmaschine.

Die Bärenfamilie

Wenn Sie die Anleitung auf den vorausgehenden Seiten genau durchgelesen haben, können Sie daran gehen, die ganze Bärenfamilie herzustellen. Das erspart Ihnen auch die Qual der Wahl, denn liebenswert ist jeder der Bären!

Sammy (Nr. 1)	Moritz (Nr. 4)
Lisa (Nr. 2)	Momo (Nr. 5)
Julchen (Nr. 3)	Charly (Nr. 6)

Moritz

Größe 30 cm

Moritz ist der »Kleine« in der Bärenfamilie – kein Wunder, daß gerade er immer ganz hoch hinaus will!

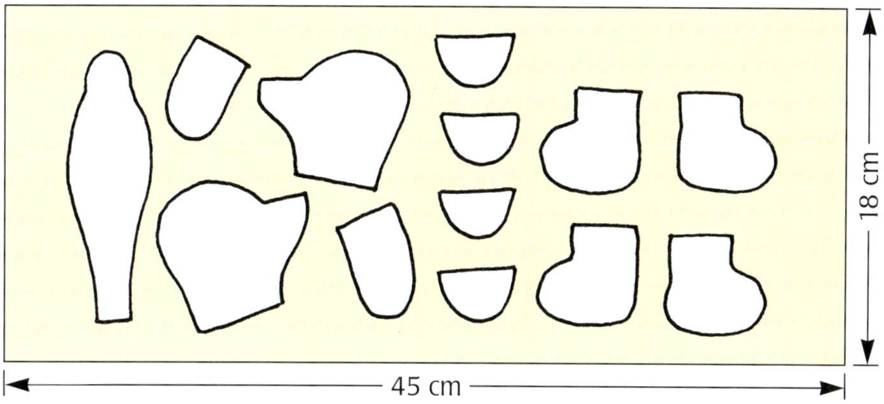

Zuschneideplan

Schnittmuster

siehe Vorlagenbogen Seite A und B

Das wird gebraucht

- *Mohairwebplüsch, goldgelb, 18 cm x 45 cm*
- *Pfotenfilz, beige, 7 cm x 16 cm*
- *Glasaugen, Ø 8 mm, dunkelbraun*
- *Perlgarn, schwarz (für Nase und Schnauze)*
- *Bündchenstoff, 4 cm x 20 cm*
- *4 Druckknöpfe, Ø 8 mm*

So wird's gemacht

Nähen Sie den Bären wie in der Anleitung auf Seite 12 beschrieben.

Für den Anzug können beim Zuschneiden verschiedene Nickireste verwertet werden.

Alle Teile schneiden Sie mit ca. 0,7 cm Nahtzugabe aus.

Nähen Sie zuerst die rückwärtige Mittelnaht A, dann die Schulternähte B, anschließend werden die Seitennähte C geschlossen. Dann wird die Schrittnaht D zugenäht.

Rund um den Halsausschnitt wird Bündchenstoff angenäht.

Die Knopfleisten schlagen Sie ca. 1 cm nach innen und nähen oder stanzen die Druckknöpfe ein.

Arm- und Beinöffnungen arbeiten Sie wie bei »Lisa« Seite 20 beschrieben.

Lisa

Größe 40 cm

Lisa und ihre Bären-Schwester Julchen (links im Bild) sind immer zu zweit anzutreffen – beim Spielen und beim Streiche aushecken!

Mit einer dicken Stopfnadel ziehen Sie von außen durch den Nickistoff hindurch ein Satinband ein. An den Arm- und Beinabschlüssen werden Gummibänder eingenäht, so daß der Anzug auswechselbar ist oder für die Wäsche ausgezogen werden kann.

Schnittmuster

siehe Vorlagenbogen Seite A und D

Das wird gebraucht

- *Synthetischer Webplüsch, naturweiß, 25 cm x 70 cm*
- *Kunststoffaugen mit Sicherheitsscheiben, Ø 12 mm, dunkelbraun*
- *Kunststoffnase, samtbeschichtet, mit Sicherheitsscheibe, Ø 21 mm, braun*
- *Perlgarn, schwarz (für die Schnauze)*
- *Gummiband, ca. 50 cm*
- *Satinband, ca. 80 cm*

So wird's gemacht

Nähen Sie den Bären nach der Schritt-für-Schritt-Anleitung von Seite 12.

Alle Teile mit ca. 0,5 cm Nahtzugabe zuschneiden. Auf das Vorderteil des Anzugs nähen Sie die Tasche. Nähen Sie dann die Schulternähte A, anschließend werden die Seitennähte B geschlossen. Zuletzt wird die Schrittnaht C zugenäht.

Am Halsausschnitt wird der Nickistoff gedehnt und der Rand ca. 1,5 cm nach innen eingeschlagen.

1 cm vom eingeschlagenen Rand entfernt nähen Sie eine Naht (Tunnel).

Zuschneideplan

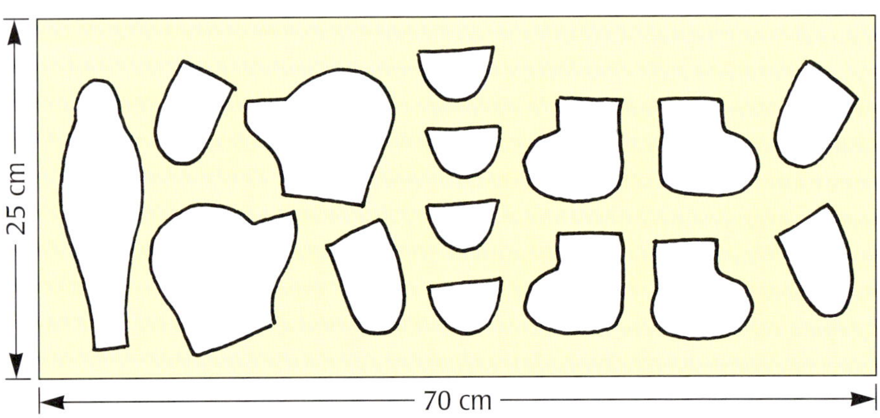

Julchen

Größe 35 cm

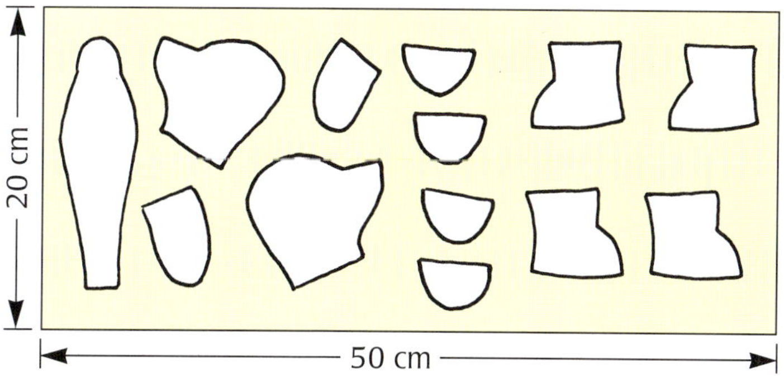

Zuschneideplan

Schnittmuster

siehe Vorlagenbogen Seite A und C

Das wird gebraucht

- *Mohairwebplüsch, goldgelb, 20 cm x 60 cm*
- *Pfotenfilz, hellbeige, 8 cm x 20 cm*
- *Glasaugen, Ø 10 mm, dunkelbraun*
- *Sticktwist, schwarz (für Nase und Schnauze)*
- *Puppenkragen*
- *Baumwollschrägband, weiß, gefalzt, 12 mm breit, 20 cm lang*

So wird's gemacht

Nähen Sie den Bären nach der Anleitung von Seite 12. Die Nähanleitung für den Anzug finden Sie auf Seite 20 (Bär Lisa). Halsausschnitt, Arm- und Beinöffnungen arbeiten Sie nach der Schritt-für-Schritt-Anleitung Seite 17. Der Kragen wird mit Schrägband eingefaßt und hinten mit wenigen Nadelstichen festgeheftet.

Charly

Größe 40 cm

So richtig frech sieht Charly mit seiner Schirmmütze aus. Er hat es wohl faustdick hinter seinen Bärenohren!

Schnittmuster

siehe Vorlagenbogen Seite A, B und C

Das wird gebraucht

- *Mohairwebplüsch, goldgelb, 25 cm x 60 cm*
- *Pfotensamt, beige, 10 cm x 25 cm*
- *Glasaugen, Ø 12 mm, dunkelbraun*
- *Perlgarn, schwarz (für Nase und Schnauze)*
- *Karo-Baumwollstoff, 38 cm x 140 cm (für Anzug, Jacke, Schirmkappe)*
- *Baumwollstoff, blau, 25 cm x 25 cm (für Kappenfutter)*
- *Nickistoff, rot, 33 cm x 37 cm (für Jackenaußenseite)*
- *Baumwollschrägband, gefalzt, rot, 12 mm breit, 25 cm lang*
- *Gummiband, ca. 70 cm*

So wird's gemacht

Nähen Sie den Bären nach der Schritt-für-Schritt-Anleitung von Seite 12.

Für die Wendejacke wird außen Nickistoff, innen Karo-Baumwollstoff verwendet.
Falten Sie den Nicki- und den Baumwollstoff jeweils zweifach im Stoffbruch (Skizze 1), beide Schnittmuster werden mit ca. 0,5 cm Nahtzugabe ausgeschnitten.

Die vordere Mitte wird auf-, und der Halsausschnitt ausgeschnitten (Skizze 2).

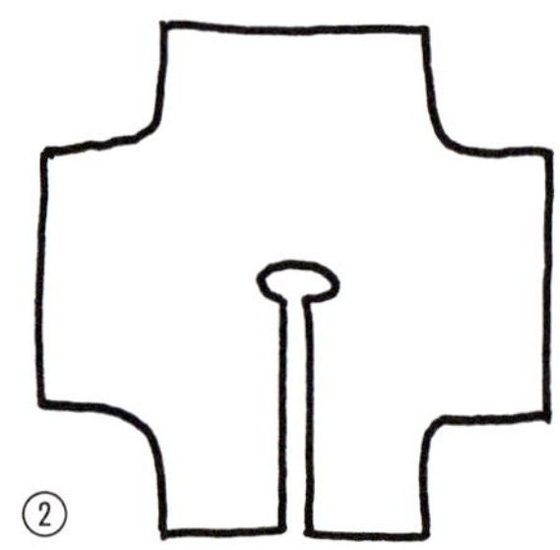

Legen Sie die beiden Teile mit den rechten Seiten aufeinander, und nähen Sie die vordere Mittelnaht A unten beginnend entlang dem Halsausschnitt bis zur gegenüberliegenden Kante.
Schließen Sie dann die beiden Nähte B (Skizze 3).

Wenden Sie die Jacke auf die rechte Seite. Nähen Sie die beiden Innenkanten C zu, indem Sie am unteren Rand des Nickistoffes beginnen und am unteren Rand des Baumwollstoffes enden. Schließen Sie den Jackensaum D, lassen Sie zum Wenden der Jacke eine ca. 3 cm große Öffnung. Nachdem Sie die Jacke auf rechts gewendet haben, nähen Sie rundherum eine Steppnaht und nähen bei diesem Arbeitsgang die Wendeöffnung zu.

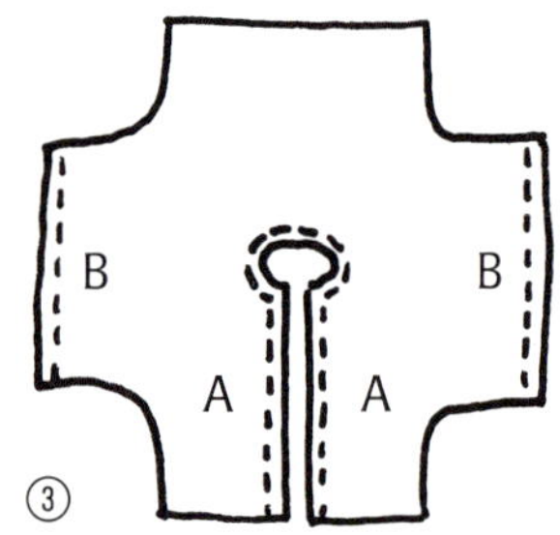

Für die Schleife wird ein Stück Stoff (8 cm x 12 cm) gefaltet (Skizze 4).

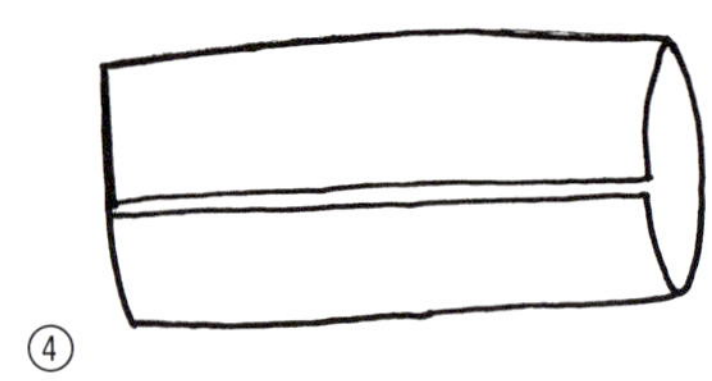

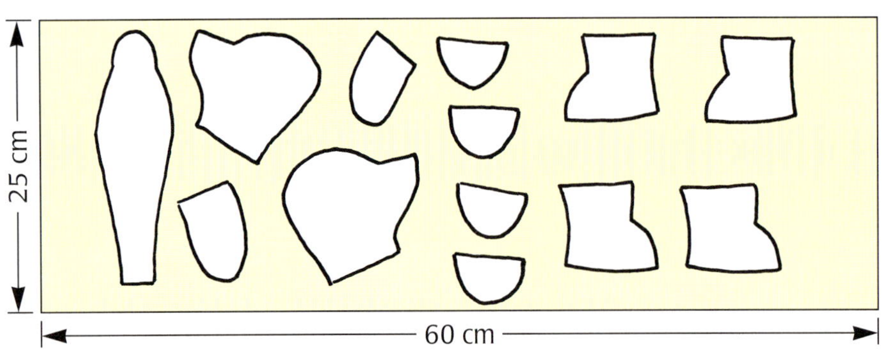

Zuschneideplan

und an den langen Schnittkanten zusammengenäht (Skizze 5).

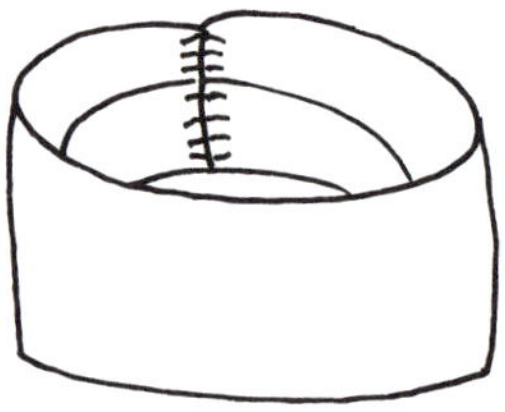

⑤

In der Mitte nähen Sie einen Kräuselfaden ein (Skizze 6), ziehen ihn stramm und vernähen ihn.

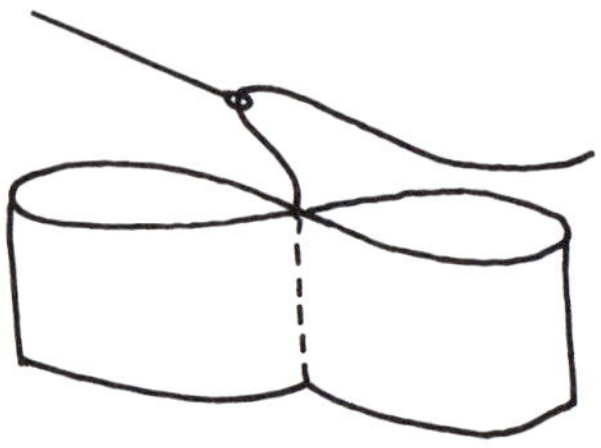

⑥

Ein zweites Stück Stoff (4 cm x 4 cm) wird vierfach gefaltet, um die Mitte gelegt und hinten vernäht (Skizze 7). Die Schleife können Sie an einem Gummiband festnähen und über den Kopf des Bären ziehen.

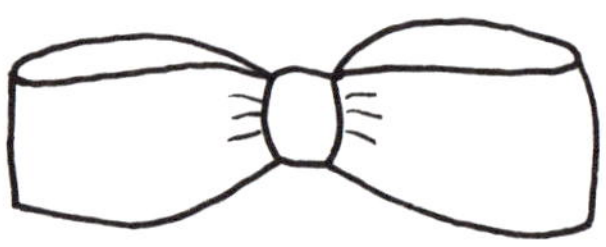

⑦

Für die Schirmkappe schneiden Sie das Schnittmuster mit 0,5 cm Nahtzugabe zweifach zu (einmal für das Innenfutter aus unifarbenem und einmal aus kariertem Baumwollstoff). Die Teile werden rechts auf rechts gelegt.

Nähen Sie Naht A, und wenden Sie das genähte Teil auf rechts. Entlang der Außenkante B der Schirmkappe nähen Sie einen Kräuselstich mit der Nähmaschine und kräuseln den Rand auf ca. 33 cm Umfang ein. Das Kappenteil wird am gekräuselten Rand angenäht, mit gefalztem Baumwollschrägband dann der Rand eingefaßt.

Momo

Größe 45 cm

Einen lustigen Rauten-Look trägt Momo und ist damit der bunteste Bär in der Familie.

Schnittmuster

siehe Vorlagenbogen Seite A, B und D

Das wird gebraucht

- *Baumwollstrickplüsch, naturweiß, 27 cm x 70 cm*
- *Nickistoff und Feintrikotstoff, weiß, je 26 cm x 86 cm (für Pulli)*
- *Glasaugen, Ø 14 mm, schwarz*
- *Sticktwist, schwarz (für Nase und Schnauze)*
- *Gummiband, ca. 25 cm*

So wird's gemacht

Nähen Sie den Bären wie in der Anleitung Seite 12 beschrieben. Die Hose von Momo wird nach dem Schnittmuster von »Sammy« gearbeitet, jedoch in der Taille mit eingenähtem Gummiband.

Der Pulli wird nach Schnittmuster gearbeitet und innen mit dünnem, weißem Trikotstoff unterlegt. Zugeschnitten wird er je zweimal aus Nicki und zweimal aus Trikotstoff.
Für beide Teile werden zuerst die Schulternähte A, danach die linke Seitennaht B und dann die rechte Seitennaht B zusammengenäht.

Beide Pullis werden rechts auf rechts übereinandergezogen. Am unteren Saum werden die Zackenlinien des Rautenstoffes genäht. Mit ca. 0,5 cm Stoffzugabe werden entlang der Naht die Zacken ausgeschnitten.

Rund um die Handgelenke und am Halsausschnitt werden Kräuselfäden eingezogen und, wie auf Seite 17 beschrieben, die Öffnungen zugenäht. Um den Hals trägt Momo ein Satinband mit fünf bunten Schellen (Ø 19 mm).

Zuschneideplan

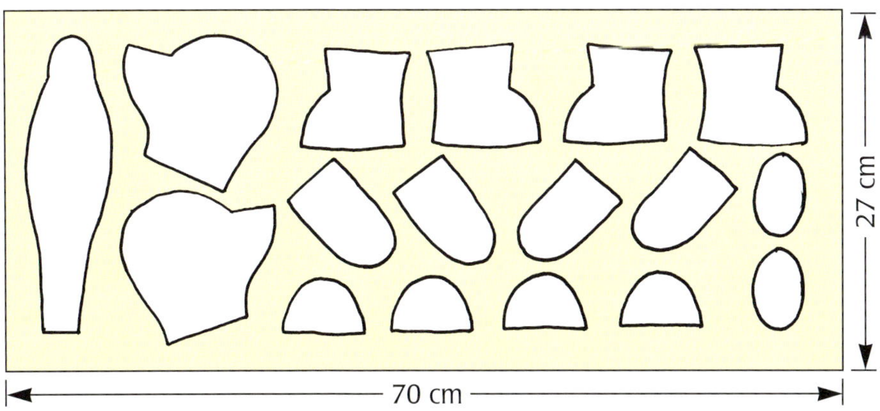

Klaus

Größe 30 cm

Auch im Bärenland wird Weihnachten gefeiert. Und Klaus liebt das Geschenkeverteilen – kann er dabei doch immer mit dem Schlitten fahren.

Schnittmuster

siehe Vorlagenbogen Seite A und B

Das wird gebraucht

- *Baumwollfrotteeplüsch, ocker, 18 cm x 47 cm*
- *Kunststoffaugen, Ø 10 mm, schwarz*
- *Samtnase, Ø 18 mm, braun*
- *Gummiband, ca. 40 cm*
- *Sticktwist, schwarz (für Schnauze)*
- *Webplüsch, weiß, 4 cm x 60 cm (für Mütze und Schal)*
- *Nicki, 25 cm x 15 cm (für die Mütze)*
- *3 Druckknöpfe, Ø 8 mm*
- *Lackstiefel, 7,5 cm Sohlenlänge*

So wird's gemacht

Nähen Sie den Bären nach der Anleitung von Seite 12.

Der Anzug wird wie beim Bären Moritz Seite 19 gearbeitet. Die Knopfleiste befindet sich hinten. Der Halsausschnitt wird mit einem Schrägstreifen aus Nickistoff versäubert.

Nähen Sie aus rotem Nickistoff eine Zipfelmütze mit einem Rand aus weißem Webplüsch. Einen dicken weißen Plüschpompon nähen Sie an die Spitze der Zipfelmütze.

Die Mütze wird mit wenigen Heftstichen am Kopf festgenäht.

Nach dem Nikolaustag legt der Bär seine Kostümierung ab und wird bis zum nächsten Nikolaustag wieder ein ganz normaler Spielbär.

Zuschneideplan

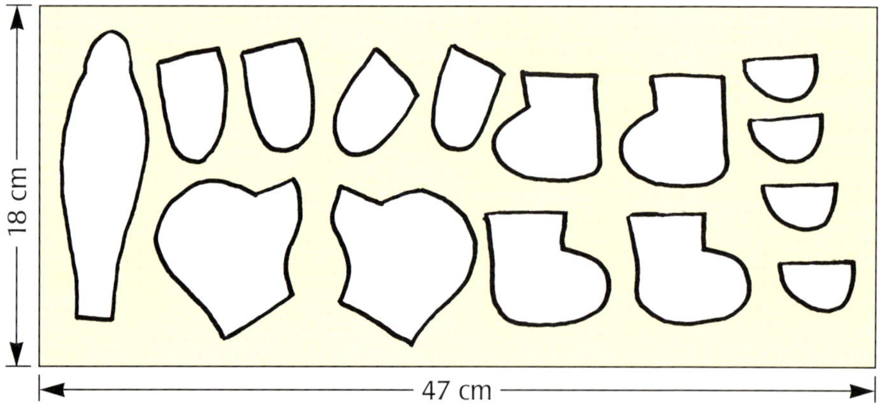

Saubermax

Größe 40 cm

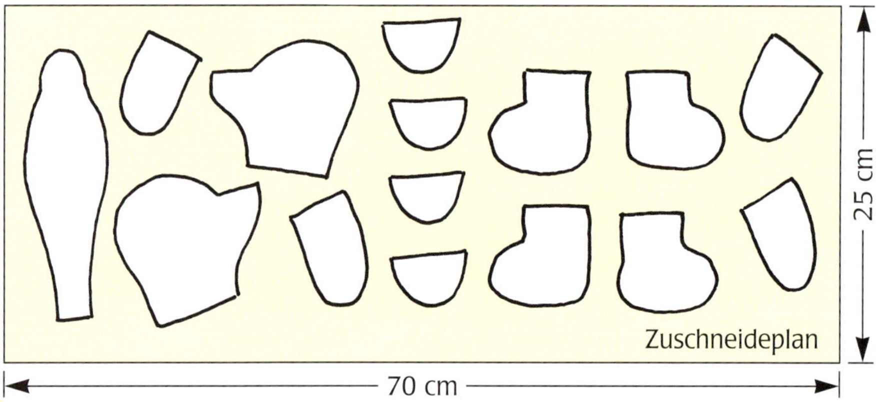

Wer so einen bärigen Handtuchhalter hat, der macht sich vielleicht morgens und abends lieber ans Zähneputzen …

Schnittmuster

siehe Vorlagenbogen Seite A und C

Das wird gebraucht

- *Baumwollstrickplüsch, ocker, 25 cm x 70 cm*
- *Glasaugen, Ø 12 mm, rotbraun*
- *Samtnase, Ø 21 mm*
- *Sticktwist, braun (für Schnauze)*
- *Holzring, Ø 10 cm*
- *Kunststoffgranulat, 250 g*

So wird's gemacht

Nähen Sie den Bären wie auf Seite 12 beschrieben.

Für den Bauch wird nur die Hälfte des Wattevlieses verwendet, und im Inneren der Wattevliesrolle werden 250 g Kunststoffgranulat (eingenäht in ein Stoffsäckchen) eingearbeitet. So hat der Bär durch sein Gewicht mehr Sitzfestigkeit und fällt nicht so leicht von der Sitzkante herunter.

Die Pfoten des Bären werden nur mit wenig Watte gefüllt, so daß der Holzring umfaßt und festgenäht werden kann.

Sabinchen

Größe 25 cm

Nach einem langen Tag ist Sabinchen müde geworden. Deshalb gehört sie – wie die Kleinsten – auch längst ins Bett.

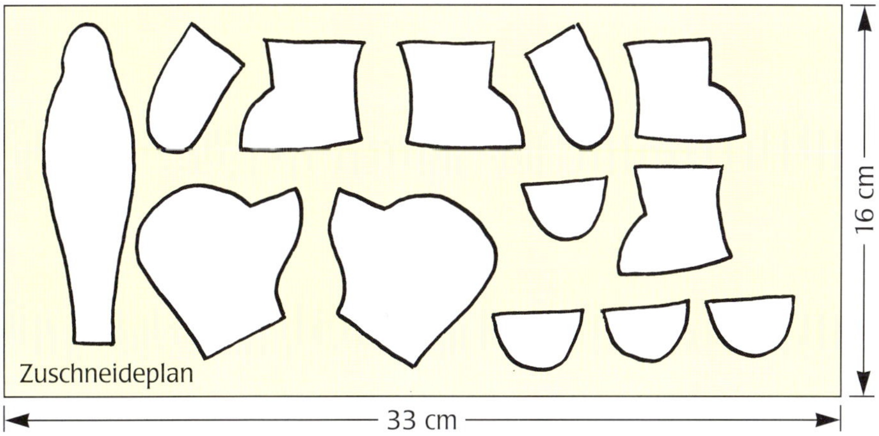

Schnittmuster

siehe Vorlagenbogen Seite A und B

Das wird gebraucht

- *Kunstseidenwebplüsch, gelockt, rosé, 16 cm x 33 cm*
- *Pfotenplüsch, weiß, 7 cm x 12 cm*
- *Perlgarn, schwarz (für Augen, Nase, Schnauze und Krallen)*

So wird's gemacht

Nähen Sie den Bären wie auf Seite 12 beschrieben.

Die Krallen werden gestickt, bevor der Schlauchverband an Pfoten und Füße angenäht wird. Fädeln Sie einen Faden mit einem dicken Knoten am Ende in eine lange Stopfnadel. Von außen stecken Sie zur Markierung Stecknadeln in die Naht (siehe Skizze 1). Zielen Sie mit der Stopfnadel durch die Füllwatte zur ersten

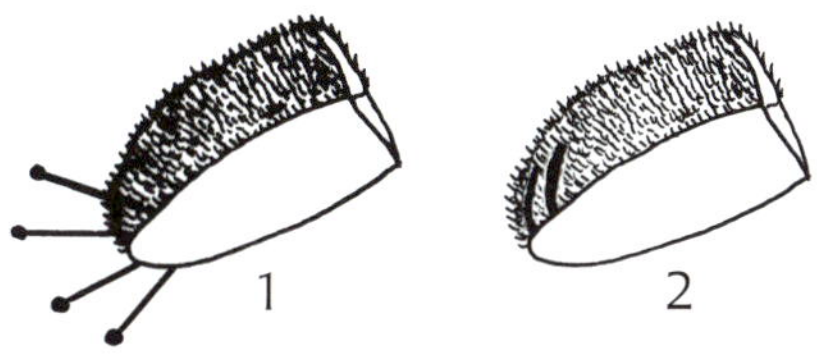

Nadelmarkierung und ziehen den Faden stramm. Vom Fadenaustritt zielen Sie ca. 2 cm bis 3 cm nach oben, dann wieder abwärts zur zweiten Stecknadelmarkierung usw. (siehe Skizze 2).

Die Augen werden mit Stielstichen (siehe Seite 7) gestickt.

Komm, spiel mit mir!

Felix

Größe 50 cm

Einen schlauen Fuchs im Tor, das hätte wohl so manche Fußballmannschaft gern.

Schnittmuster

siehe Vorlagenbogen Seite A und B

Das wird gebraucht

- *Strickplüsch, rotbraun, 34 cm x 48 cm*
- *Strickplüsch, weiß, 25 cm x 32 cm*
- *Glasaugen, Ø 16 mm, schwarz*
- *Kunststoffnase, Ø 22 mm, schwarz*
- *Perlgarn, schwarz (für Schnauze)*
- *Nylon-Barthaare, schwarz*

Zuschneideplan rotbraun

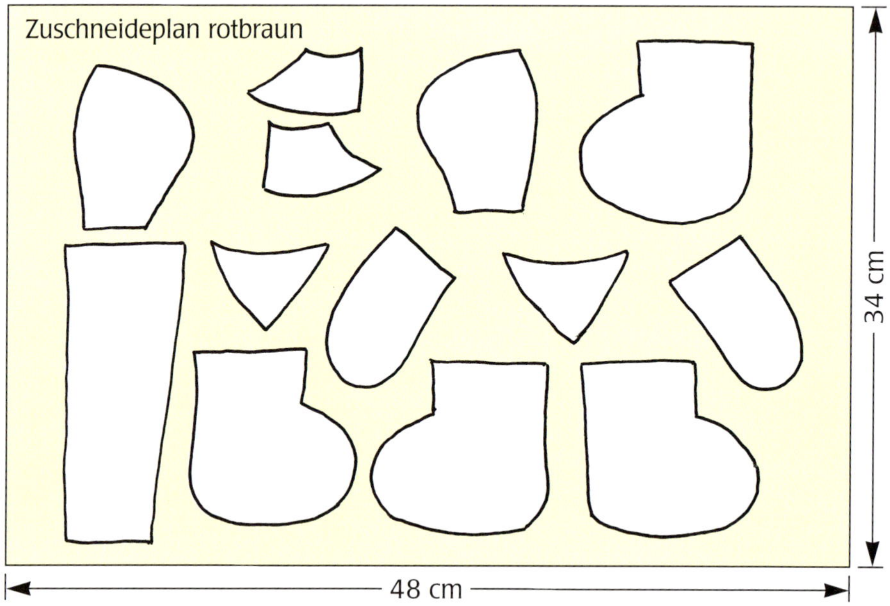

So wird's gemacht

Nur auf den ersten Blick sieht es schwierig aus, den Kopf des Fuchses anzufertigen, weil das Schnittmuster aus vielen Einzelteilen und mehrfarbig gearbeitet wird. Wenn Sie zuerst die Teile ordnen und wie ein Puzzle zueinanderlegen (siehe Legeplan), ist auch der Fuchskopf schnell zusammengenäht.

Beginnen Sie mit den weißen Teilen. Zuerst die Naht A, hier treffen jeweils die Zahlen 1 und 2 des Seiten- und Oberteils der Schnauze aufeinander.

Legeplan

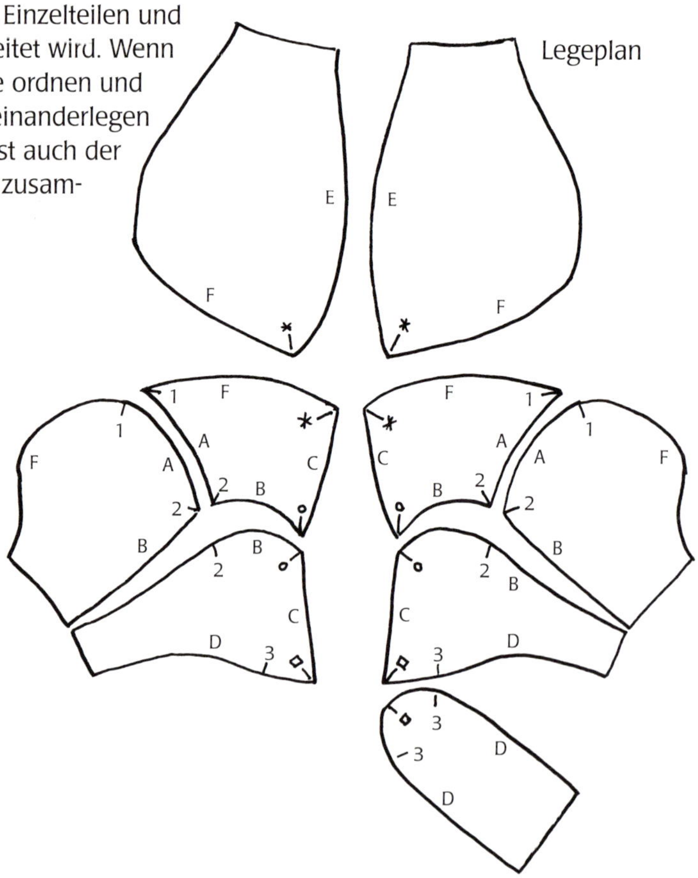

Zuschneideplan weiß

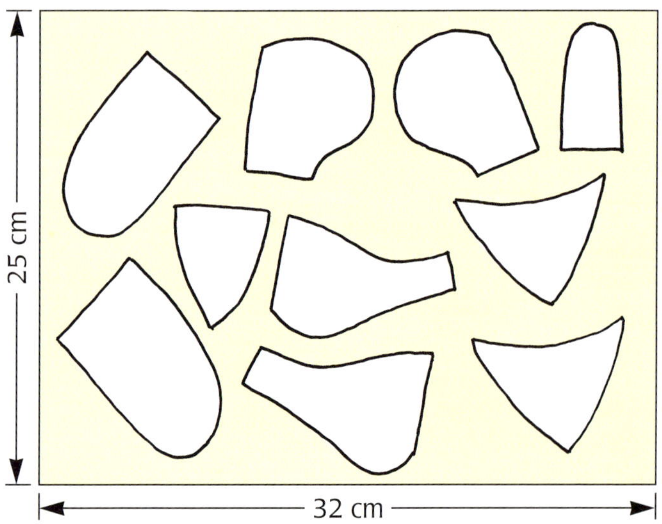

Dann schließen Sie die Naht B, dort treffen die Zahlen 2 aufeinander. Nähen Sie die Mittelnaht der Schnauze C. Nun setzen Sie das Unterteil der Schnauze ein und nähen die Naht D, dort treffen die Zahlen 3 aufeinander. Nähen Sie die Mittelnaht des Hinterkopfes E, anschließend jeweils von der Mitte oben beginnend die Seitennähte F. An der Schnauzenspitze arbeiten Sie die Kunststoffnase mit Sicherheitsscheibe ein (siehe Seite 13). Die Schnurrbarthaare bestehen aus industriell gefertigten Nylonfäden, die am Ende mit einer Verdickung versehen wurden. Deshalb müssen sie vor dem Ausstopfen von innen nach außen durch den Webplüsch durchgesteckt werden. Die Ohren werden, im leichten Winkel zum Hinterkopf, von außen angenäht.

Nähen Sie den unteren Teil des Schwanzes mit der weißen Schwanzspitze zusammen (Naht G) und schließen dann die Naht H. Wenden Sie den genähten Schwanz auf rechts, und füllen Sie ihn leicht mit Füllwatte auf. Die Kanten der Wendeöffnung schlagen Sie nach innen ein und nähen dann den Schwanz von außen an der rückwärtigen Hosennaht fest.

Der zweiteilige Anzug wird wie auf Seite 16 beschrieben angefertigt.

Der Schal ist glatt rechts gestrickt mit 20 Maschen Anschlag.

Abwechselnd werden sechs Reihen Rot und Weiß im Wechsel jeweils elfmal gestrickt.

Fransen werden an den Enden mit der Häkelnadel eingeknüpft.

Andi Fußballbär

Größe 40 cm

Mag sein, daß es bessere Fußballspieler als Andi gibt, aber es sieht bestimmt keiner »fescher« aus als er!

Schnittmuster

siehe Vorlagenbogen Seite A und C

Das wird gebraucht

- *Synthetischer Webplüsch, braunmeliert, 25 cm x 60 cm*
- *Glasaugen, Ø 12 mm, hellbraun*
- *Samtnase, Ø 21 mm*
- *Perlgarn, schwarz (für Schnauze)*
- *Pfotensamt, 10 cm x 14 cm*
- *Wolle (für Schal)*

So wird's gemacht

Stellen Sie den Bären nach der Anleitung Seite 12 her.
Die Segmente für die Schirmkappe werden zweimal aus schwarzem Nickistoff und zweimal aus gelbem Nickistoff mit ca. 0,5 cm Nahtzugabe zugeschnitten. Im Wechsel nähen Sie ein gelbes Teil mit einem schwarzen Teil zusammen und daran wieder ein gelbes und ein schwarzes Teil.
Das Schnittmuster für das Schirmchen schneiden Sie einmal aus schwarzem und einmal aus gelbem Nickistoff zu.

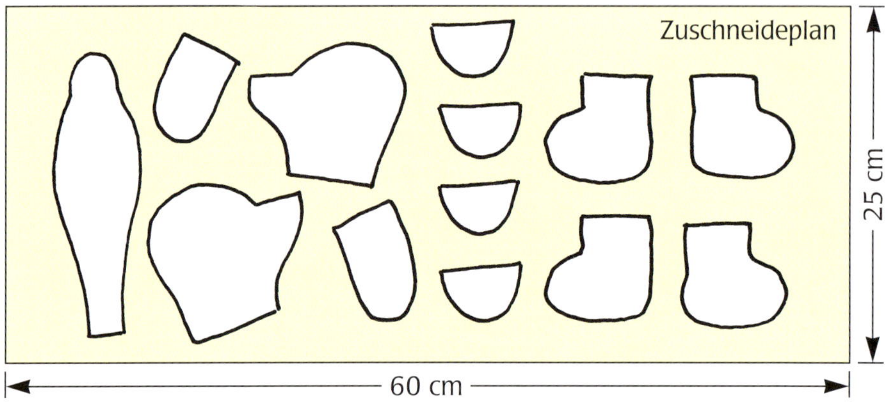

Nähen Sie Naht A und wenden das genähte Teil auf rechts. Entlang der Außenkante B der Schirmkappe nähen Sie einen Nähmaschinen-Kräuselstich und kräuseln den Rand auf ca. 33 cm Umfang. Der Schirm wird zuerst angenäht. Mit 25 cm dehnbarem Bündchenstoff (5 cm breit) wird der gekräuselte Rand eingefaßt.

Der Schal ist glatt rechts gestrickt mit 16 Maschen Anschlag.

Abwechselnd wurden sechs Reihen Gelb und Schwarz im Wechsel jeweils neunmal gestrickt.

Fransen werden an den Enden mit der Häkelnadel eingeknüpft.

Berti Fußballbär

Größe 40 cm

Berti gehört zu den ganz wilden Kickern. Er springt nach jedem Ball.

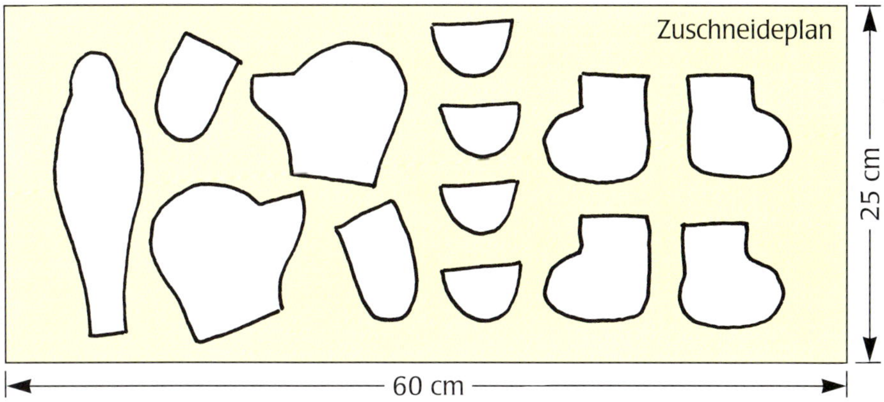

Schnittmuster

siehe Vorlagenbogen Seite A und C

Das wird gebraucht

- *Mohairwebplüsch, rotbraun, gelockt, 25 cm x 60 cm*
- *Pfotensamt, 10 cm x 14 cm*
- *Glasaugen, Ø 12 mm, rotbraun*
- *Perlgarn, schwarz (für Nase und Schnauze)*
- *Bündchenstoff (viermal) 12 cm lang, 5 cm breit*
- *Wolle (für Schal)*

So wird's gemacht

Nähen Sie den Bär wie auf Seite 12 beschrieben.
Die Ärmel- und Beinöffnungen werden mit Bündchenstoff eingefaßt.

Der Schal ist glatt rechts gestrickt mit 18 Maschen Anschlag.

Abwechselnd wurden sechs Reihen Blau und Gelb im Wechsel jeweils neunmal gestrickt.

Fransen werden an den Enden mit der Häkelnadel eingeknüpft.

Baffi

Größe 45 cm

Der Hund Baffi gehört zu den ganz Sanften und Lieben – er fühlt sich in jedem Kinderzimmer wohl.

Schnittmuster

siehe Vorlagenbogen Seite A und D

Das wird gebraucht

- *Synthetischer Webplüsch, beige-braun meliert, 30 cm x 75 cm*
- *Glasaugen, Ø 18 mm, schwarz*
- *Kunststoffnase, Ø 22 mm, schwarz*
- *Perlgarn, schwarz (für Schnauze)*

So wird's gemacht

Stellen Sie den Hund nach der Anleitung von Seite 12 fertig. Die Schlappohren werden seitlich von außen angenäht.

Der Schwanz wird an der Längsseite zugenäht und von außen an der rückwärtigen Hosennaht festgenäht.

Zuschneideplan

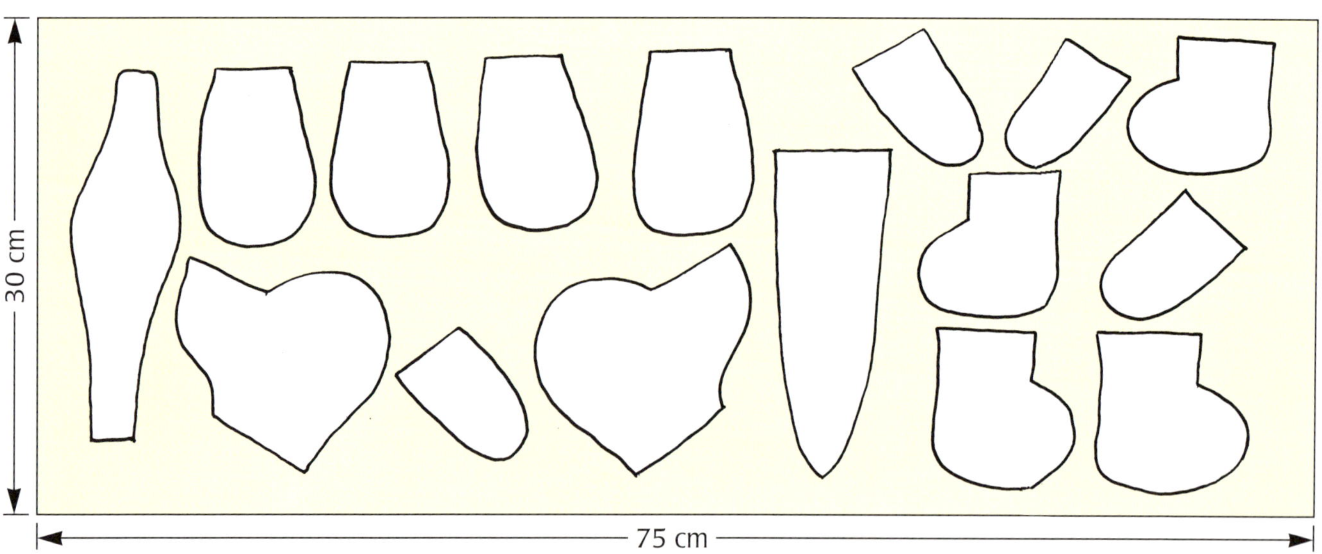

Daisy und Barny

Größe 40 cm

Diese beiden Stubentiger stecken die ganze Zeit über zusammen, und das Funkeln in ihren Augen verrät, daß sie etwas ausgeheckt haben.

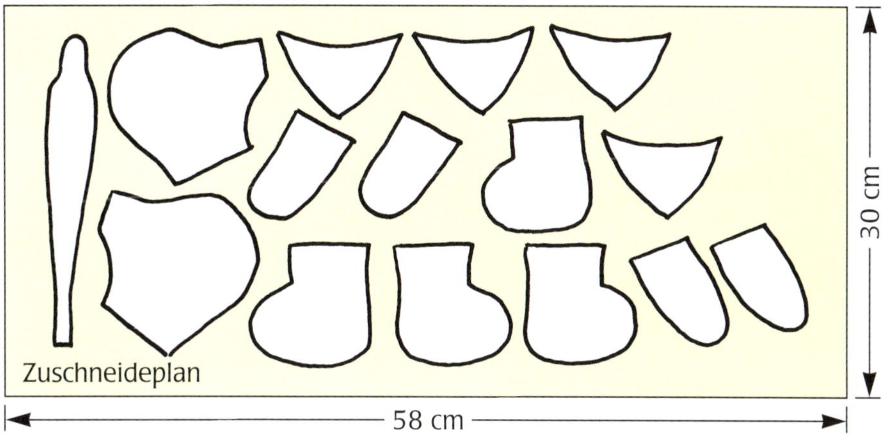

Schnittmuster

siehe Vorlagenbogen Seite A und C

Das wird gebraucht

- *Synthetischer Strickplüsch, graumeliert und synthetischer Webplüsch, schwarz, langflorig, 30 cm x 58 cm*
- *Kunststoffaugen mit Ösen, Ø 16 mm, orangegelb und hellblau*
- *Katzennasen aus Kunststoff mit Sicherheitsscheibe, Ø 15 mm*
- *Plüsch für den Schwanz, (zweimal) 6 cm x 25 cm*
- *Nylon-Schnurrhaare*

So wird's gemacht

Nähen Sie die Katzen nach der Anleitung von Seite 12.

Die Schnurrbarthaare bestehen aus industriell gefertigten Nylonfäden, die am Ende mit einer Verdickung versehen wurden. Deshalb müssen sie vor dem Ausstopfen von innen nach außen durch den Webplüsch gesteckt werden.

Der Kopf wird während des Füllens von außen noch etwas geformt. Je nach Wunschvorstellung und nachzubildender Katzenrasse, erhält die Katze ein dickes, breites Gesicht oder ein schlankes, spitzes Gesicht. Die Ohren werden angewinkelt zur Kopfmitte von außen festgenäht. Rund um die Nase und auf dem Nasenrücken sowie an den Ohren werden die Haare mit einer Schere stark gekürzt.

Der Plüschstreifen für den Schwanz wird von Hand an den Längsseiten zugenäht. Der Schwanz wird von außen an der rückwärtigen Hosennaht festgenäht.

Elefantenparade

Größe: Tuffi 40 cm (Mitte), Tiffany 35 cm (links) und Tassilo 30 cm (rechts)

Schnittmuster

siehe Vorlagenbogen Seite B und C

Wer schon immer mal einen Elefanten mit ins Bett nehmen wollte – hier sind gleich drei an der Zahl!

Zuschneideplan (für alle Elefanten gleich)

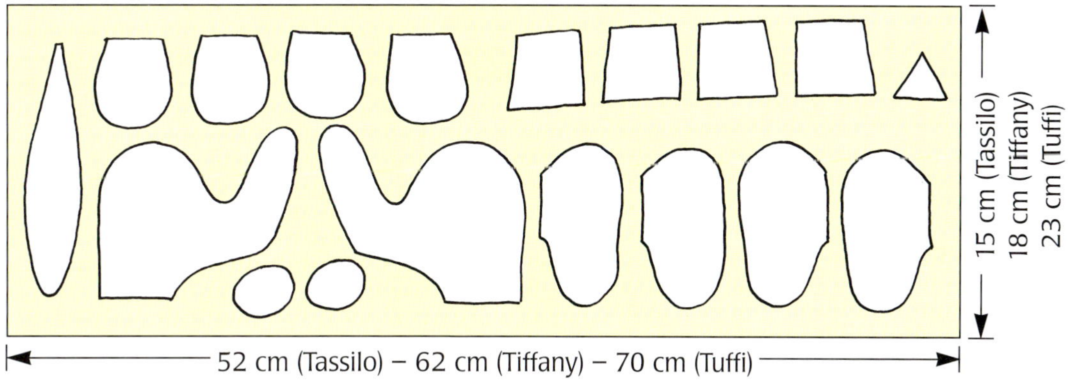

Das wird gebraucht

- *Synthetischer Webplüsch, dunkelgrau: Tuffi – 23 cm x 70 cm; Tiffany – 18 cm x 62 cm; Tassilo – 15 cm x 52 cm*
- *Glasaugen, Ø 16 mm, 14 mm, 12 mm, schwarz*
- *Baumwollkordel, grau, 10 cm, 12 cm, 14 cm lang, 3 mm breit*
- *Nickistoff, 28 cm x 30 cm (für Pulli von Tiffany)*
- *Nickistoff, 24 cm x 27 cm (für Pulli von Tassilo)*
- *Satinband, ca. 80 cm*

So wird's gemacht

Den Anzug bzw. Oberteil und Hose nähen Sie nach der Anleitung von Seite 16 und 19.

Beim Kopf setzen Sie zuerst den Kopfkeil ein (Nähte A), nähen dann den Rüssel (Naht B) und unter dem Rüssel den Halskeil (Nähte C) ein. Die Ohren werden seitlich von außen an den Kopf angenäht. Mit schwarzem Perlgarn wird das Elefantenmaul aufgestickt.

Die Pullis mit 0,5 cm Nahtzugabe zuschneiden. Am Halsausschnitt wird der Nickistoff gedehnt und der Rand ca. 1,5 cm nach innen eingeschlagen. Um dehnbare Nähte zu erhalten, stellen Sie die Nähmaschine auf Zick-Zack-Stich ein. 1 cm vom eingeschlagenen Rand entfernt nähen Sie eine Naht (Tunnel). Mit einer dicken Stopfnadel ziehen Sie von außen durch den Nickistoff hindurch ein schmales Satinband ein. Nähen Sie zuerst die Seitennähte. Die Ärmelkanten und den Saum schlagen Sie 1 cm nach innen und nähen ca. 0,5 cm vom Rand entfernt die Naht.

Als Schwanz nähen Sie eine graue Baumwollkordel von außen an die rückwärtige Hosennaht. Am Schwanzende eine Quaste aus Plüsch annähen.

Jede Menge Mäuse

Größe: Max 40 cm (rechts),
Murk 35 cm (links),
Meikel 30 cm (Mitte),
Minchen, 20 cm (liegend)

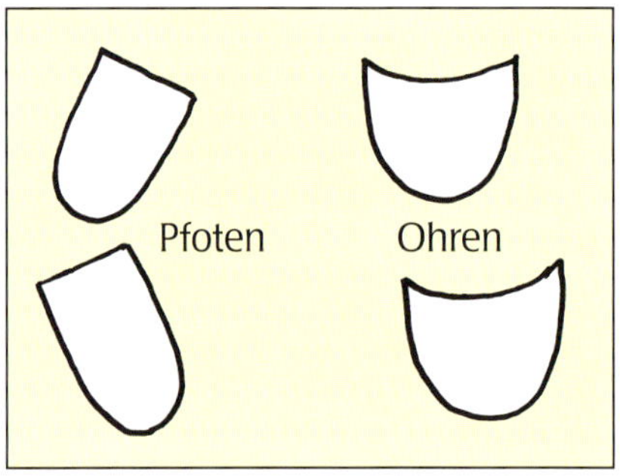

Zuschneideplan Max, Murk und Meikel, weiß

Eine Maus kommt selten allein. Aber Mäuse kann man ja eigentlich nie genug haben …

Das wird gebraucht

- *Synthetischer Webplüsch, graumeliert und weiß: Max – 27 cm x 46 cm und 16 cm x 16 cm; Murk – 22 cm x 38 cm und 13 cm x 14 cm; Meikel – 19 cm x 33 cm und 11 cm x 13 cm;*
- *grauer Filzplüsch: Minchen – 16 cm x 33 cm*
- *Glasaugen, Ø 14 mm, 12 mm, 10 mm, schwarz*

Schnittmuster

siehe Vorlagenbogen Seite A/B und C

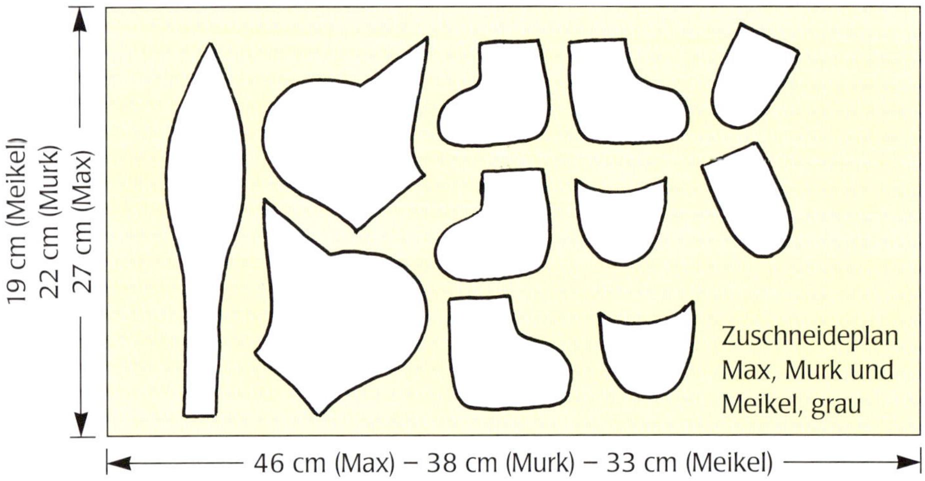

Zuschneideplan Max, Murk und Meikel, grau

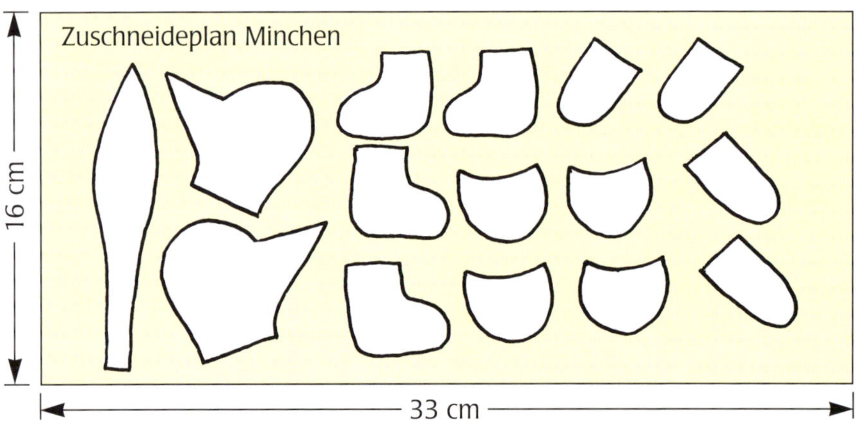

Zuschneideplan Minchen

- *Satinband, ca. 80 cm*
- *Perlgarn, schwarz (für Mäuler)*
- *graue Baumwollkordel, 3 mm dick, ca. 10 bis 15 cm lang (für Schwanz)*
- *schwarze Pompons, Ø 1 cm bis 1,5 cm (für Nase)*
- *Nylonschnur, schwarz*

So wird's gemacht

Die Mäuse werden nach der Anleitung von Seite 12 fertiggestellt. Ein schwarzer Plüschpompon wird auf die Nasenspitze genäht. Die Mäusemäuler werden mit schwarzem Perlgarn aufgestickt, ebenso die Schlafaugen von Minchen (siehe dazu Seite 7 und 14). Die Schnurrhaare werden mit einer Nadel und mit schwarzen Nylonfäden eingenäht. Ziehen Sie mit einer Stopfnadel mehrere ca. 40 cm lange Nylonfäden an der Nasenspitze ein und lassen die Fäden links und rechts gleich lang herunterhängen. Ziehen Sie dann jeden Faden einzeln zur gegenüberliegenden Seite und wieder zurück, so daß für jeden Faden eine Verknotung entsteht.

Wenn jeder Faden fest verknotet ist, werden alle Schnurrhaare auf die gewünschte Länge geschnitten.

Der Schwanz wird von außen an der rückwärtigen Hosennaht festgenäht.

Hasenfamilie Langohr

Größe: Linus 50 cm (Mitte),
Lina 40 cm (rechts),
Laura 35 cm (links), Lois 15 cm

Diese liebenswerten Gesellen möchte man nicht nur zu Ostern um sich haben. Denn in die großen Ohren flüstern sich kleine Geheimnisse ganz besonders gut!

Schnittmuster

siehe Vorlagenbogen Seite A, B und C

Das wird gebraucht

- *Linus: synthetischer Strickplüsch, beigebraun, 27 cm x 100 cm und synthetischer Strickplüsch, hellbeige, 22 cm x 16 cm (für Sohlen und Pfoteninnenflächen)*
- *Lina: Baumwollwebfrotteeplüsch, beigebraun, 22 cm x 85 cm*
- *Laura: Baumwollstrickplüsch, naturweiß, 19 cm x 75 cm*
- *Lois: synthetischer Strickplüsch, beige, 10 cm x 30 cm und Nicki, beige, 7 cm x 7 cm*
- *Kunststoffaugen mit Ösen, Ø 16 mm, 14 mm, 12 mm, 6 mm, schwarz*
- *Perlgarn, schwarz (für die Nasen)*
- *Chenillebiegedraht, ca. 3 m*
- *Puppenkragen*
- *Satinband*
- *Nylonschnur (transparent für Schnurrhaare)*

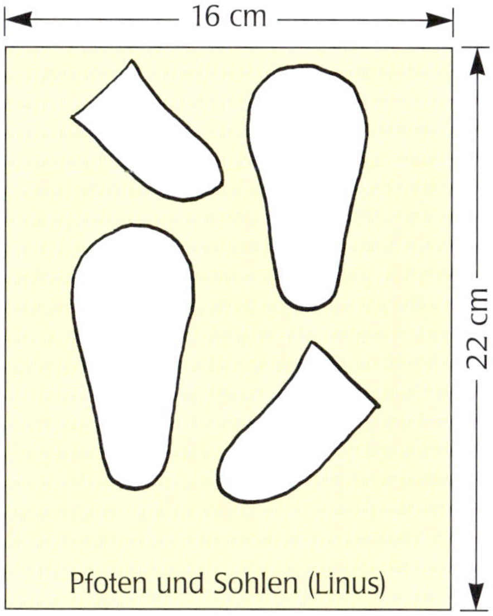

Zuschneidepläne (für alle großen Hasen, für den kleinen Hasen gibt es keinen Zuschneideplan)

So wird's gemacht

Die Hasen werden nach der Anleitung von Seite 12 genäht. Die Nase wird, wie auf Seite 14 beschrieben, aufgestickt. Mit weißem Baumwollgarn können auch die Zähne gestickt werden (siehe Detailfoto). Schnurrhaare wie Seite 41 arbeiten. Nähen Sie Pfoten, Füße und Ohren, und wenden Sie die genähten Teile auf rechts. Den Hasen Linus und Lina wurde Chenillebiegedraht in die Ohren eingearbeitet, damit sie vom Kopf abstehen und biegsam sind.

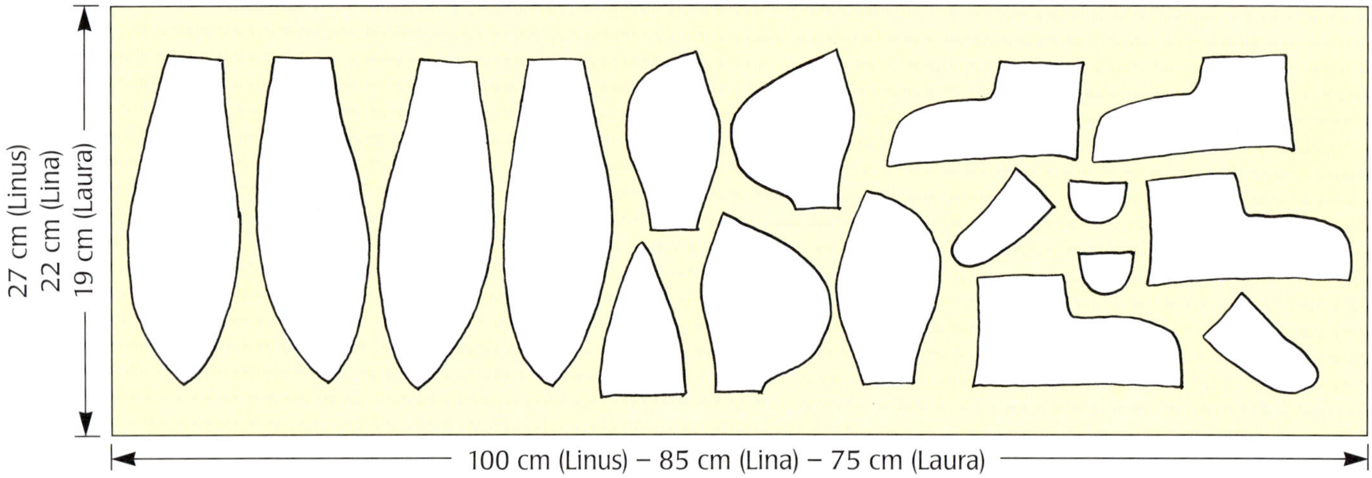

Den Chenillebiegedraht legen Sie doppelt und drehen ihn kordelähnlich zusammen. Legen Sie ihn in die Ohren entlang den Nähten, und nähen Sie ihn mit einigen Stichen an den Ohrspitzen fest.
Nähen Sie die Kinnaht A und den Kopfkeil B ein. Nähen Sie die Mittelnaht des Hinterkopfes C. Beim Nähen der Seiten D werden die Ohren gleichzeitig eingenäht. Da für diese Naht der Plüsch zum Teil vier- oder sechsfach unter der Nähmaschine liegt, sollten Sie vorab eine Nähprobe machen und ggf. die Naht von Hand nähen.

Die Nähanleitung für den Anzug bzw. Oberteil und Hose finden Sie auf Seite 16 und 20.

Igel Igor

Größe 40 cm

Für Igor gibt es kaum etwas Schöneres als sich im Schaukel-Sessel einen schönen Tag zu machen.

Schnittmuster

siehe Vorlagenbogen Seite C und D

Das wird gebraucht

- *Synthetischer Strickplüsch, hellbeige, 22 cm x 45 cm*
- *Igelwebplüsch (stachelig), 20 cm x 25 cm*
- *Glasaugen, schwarz, Ø 14 mm*
- *schwarzer Pompon, Ø 1,5 cm (für die Nase)*
- *Perlgarn, schwarz (für das Maul)*

Igelkopf (stacheliger Igelwebplüsch)

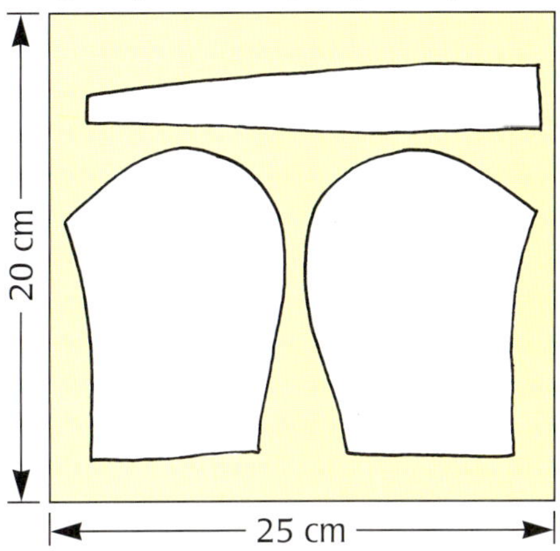

So wird's gemacht

Kinnaht A nähen. Kopfkeil (Nähte B) einnähen. Kopfmittelteil (Nähte C) annähen und Naht D schließen. Die vordere und die hintere Fußnaht wird zugenäht. Dann legen Sie den Fuß so, daß die Nähte an der Fußspitze mittig aufeinanderliegen. Legen Sie die Krallenschablone an (siehe Vorlagenbogen) und zeichnen Sie die gezackten Umrisse auf den Strickstoff. Nähen Sie dann auf der gezeichneten Linie die Naht. Die übrigen Näh-Schritte erfolgen wie auf Seite 14 beschrieben.

Die Ohren werden im Stachelplüsch festgenäht. Das Igel-Mäulchen wird mit schwarzem Perlgarn gestickt. Auf die Nasenspitze nähen Sie einen schwarzen Pompon. (Sie können aber auch eine schwarze samtbeschichtete Kunststoff-Kugel-Nase mit Sicherheitsscheibe einstanzen, (siehe Anleitung Seite 13).

Anzug und Fertigstellung des Körpers Seite 15.

Von Schlummerbär bis Büchermaus

Pedro

Größe 15 cm

Also wenn diese niedliche Maus nicht zum Einschlafen bewegt, dann schafft es wohl niemand.

Schnittmuster

siehe Vorlagenbogen Seite A

Das wird gebraucht

- *Nickistoff, weiß, 12 cm x 30 cm*
- *Streifennicki, 14 cm x 43 cm*
- *Nicki, hellblau, 18 cm x 57 cm*
- *Kuscheltuch aus Trikotstoff, 5 cm x 5 cm*
- *Pompon, schwarz, Ø 1 cm*
- *Nylongarn, schwarz, ca. 0,5 m*
- *Füllwatte, ca. 100 g*
- *Sticktwist, schwarz (für Augen und Maul)*
- *Baumwollkordel, weiß oder Nickistoff, ca. 8 cm lang, 0,5 cm breit.*
- *Kragenspitze, 2 cm breit, 15 cm lang*

So wird's gemacht

Nähen Sie die Maus nach Anleitung Seite 12.

Der Anzug wird nach dem Schnittmuster und der Anleitung von »Benjamin« Seite 49 gefertigt. Eingekräuselte Kragenspitze umbinden und festnähen.

Das Wolkenschnittmuster wird auf die Rückseite des doppelt gelegten Nickistoffes aufgezeichnet. Nähen Sie die Umrisse der Wolke, und sparen Sie die Wendeöffnung aus. Die genähte Wolke wenden Sie auf rechts und füllen nur ganz locker wenig Füllwatte hinein. Mit Matratzenstichen (siehe Seite 7) nähen Sie die Öffnung zu. Die Maus wird auf der Wolke festgenäht.

An Nylonfäden kann die Wolkenmaus auch schwebend aufgehängt werden.

Benjamin

Größe 15 cm

In süße Träume und in einen weichen Anzug eingehüllt schlummert Benjamin einem neuen Morgen entgegen.

Schnittmuster

siehe Vorlagenbogen Seite A

Das wird gebraucht

- *Mohairwebplüsch, naturweiß, kurzflorig, 10,5 cm x 30 cm*
- *Pfotensamt, rosé, 5 cm x 10 cm*
- *Sticktwist, schwarz (für Augen, Nase und Schnauze)*
- *hellblauer Nickistoff, 14 cm x 43 cm (für Anzug)*
- *Baumwolldruck, 10 cm x 30 cm (für Decke)*
- *Spitze, 55 cm*
- *Füllwatte, ca. 60 g*
- *Plastikkugel, Ø 16 cm*
- *Satinband, ca. 150 cm*
- *Schnuller*

So wird's gemacht

Der Kopf wird nach Anleitung Seite 12 gearbeitet. Für den Anzug zuerst die rückwärtige Hosenmittelnaht A

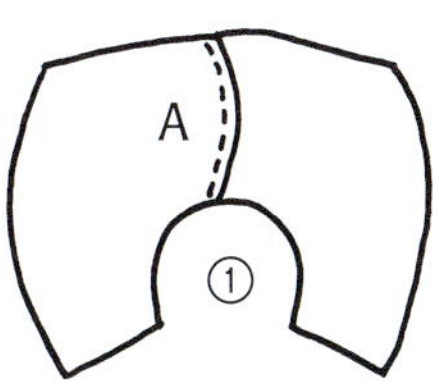

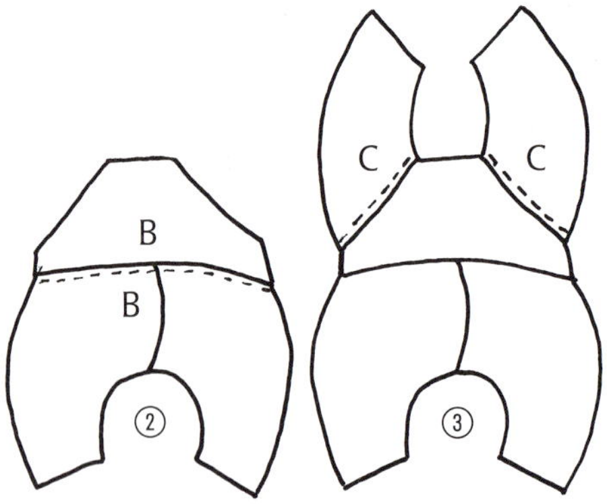

schließen (Skizze 1). Taillennaht B und Rückenteile zunähen (Skizze 2), dann Ärmelnähte C zunähen (Skizze 3 und 4). Ärmelinnennaht D nähen, Vorder- und Rückenteile rechts auf rechts legen und Seitennähte E nähen.

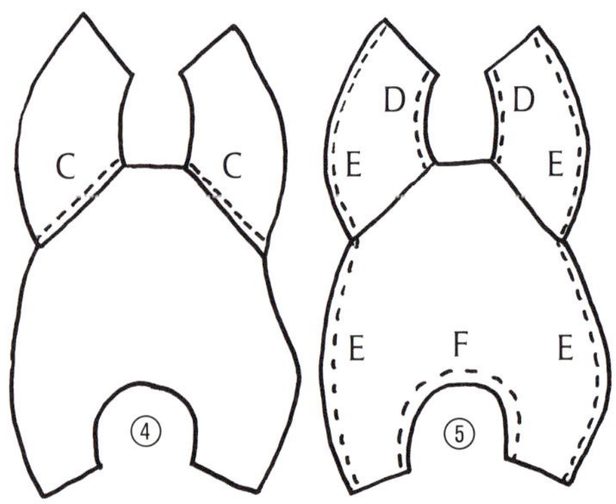

Schrittnaht F nähen (Skizze 5).

Die Füße und Pfoten werden wie auf Seite 17 beschrieben in die Ärmel- und Beinöffnungen eingenäht. Der Anzug wird locker mit Füllwatte aufgefüllt, der Kopf seitwärts blickend eingenäht.

Das Stummelschwänzchen wird mit wenig Watte gefüllt und von außen auf die rückwärtige Anzugnaht festgenäht.

Babyrasseln

Größe 12 cm

Eine ganz besondere Idee sind diese beiden Babyrasseln, die sich auch als Geschenk zur Geburt gut eignen.

Die Materialangaben beziehen sich auf eine Rassel.

Schnittmuster

siehe Vorlagenbogen Seite D

Das wird gebraucht

- *Nickistoff, weiß, 10 cm x 40 cm*
- *Satinband, 20 cm*
- *Füllwatte, ca. 50 g*
- *bedruckter Baumwollstoff, 5 cm x 20 cm*
- *Rasseldose, Ø 3 cm*
- *Perlgarn, schwarz und blau (für Augen, Nase, Schnauze und Schnurrhaare)*
- *Satinband*

So wird's gemacht

Auf die Rückseite des rechts auf rechts liegenden Nickistoffes werden der Ring und die Schnittmusterteile für den Kopf aufgezeichnet. Erst die Innennaht A, dann die Außennaht B nähen, dann mit ca. 0,5 cm Nahtzugabe den äußeren Kreis ausschneiden. Den Stoff zum Kreisinnern schneiden Sie an der Scherenmarkierung auf und schneiden mit ca. 0,5 cm Nahtzugabe die Rundung heraus. Den Ring wenden Sie auf rechts und füllen ihn bis etwa zu den Pfoten fest mit Füllwatte auf. Im Matratzenstich (siehe Seite 7) nähen Sie die Wendeöffnung C zu. Durch die Halsöffnung füllen Sie den restlichen Körper mit Füllwatte auf. Nähen Sie die rückwärtige und die vordere Kopfmittelnaht A und B. Die Ohren aus Baumwollstoff werden oben am Kopf angenäht (C). Beide Kopfteile legen Sie rechts auf rechts aufeinander und nähen die Seitennaht D.

Die Ohren werden mit wenig Watte gefüllt. Vor dem Füllen des Kopfes werden die Ohren mit einer Steppnaht (siehe Seite 7) von außen zugenäht. Der Kopf wird locker mit Füllwatte aufgefüllt, wobei Sie in der Mitte eine kleine Rasseldose einarbeiten. Die Augen werden am besten vor dem Füllen mit dünnem Stickgarn eingestickt (siehe Skizze unten). In die Halsöffnung wird der Kopf eingenäht.

Die Nase und die Schnurrhaare werden nach der Anleitung von Seite 14 und 41 hinzugefügt.
Für den Zierkragen legen Sie den Baumwollstoff doppelt, nähen die seitlichen Öffnungen zu, schlagen den Rand nach innen und nähen einen Kräuselfaden aus reißfestem Garn ca. 0,5 cm vom Rand entfernt ein.
Ziehen Sie den Kräuselfaden zu, binden Sie den Kragen um, und vernähen Sie den Faden hinten gut. Hase und Bär erhalten als Verzierung ein Satinband.

Bären-Kinderwagenkette

Größe 11 cm

Ein schöner Schmuck für den Kinderwagen, den sicher nicht jedes Baby hat.

Schnittmuster

siehe Vorlagenbogen Seite A

Das wird gebraucht

- *Nickistoff, weiß, 10 cm x 30 cm*
- *Nickistoff, farbig, je Bärchen 9 cm x 22 cm*
- *Trikotstoff, weiß, 12 cm x 4 cm*
- *Füllwatte, ca. 150 g*
- *Kragenspitze, 60 cm lang, 2 cm breit*
- *Sticktwist, hellblau und schwarz (für Augen und Nase)*
- *4 Holzringe, Ø 3 cm*
- *2 Kunstoffrasseldosen, Ø 3 cm*
- *Gummiband, 20 cm lang, 4 cm breit*

So wird's gemacht

Der Kopf wird wie bei der Babyrassel Seite 51 angefertigt.

Für den Anzug nähen Sie die Schulternähte A zuerst zu, dann die Seitennähte B. Anzug auf rechts wenden.

Schneiden Sie sechs Streifen aus weißem Feintrikotstoff von je 4 cm Länge und 2 cm Breite. Falten Sie die Längsseiten nach innen, und nähen Sie den Streifen zu (siehe Skizze 1).

①

Schlagen Sie den Stoff der Ärmelöffnungen nach innen, und nähen Sie mit reißfestem Garn knappkantig einen Kräuselfaden (siehe Skizze 2) ein. Legen Sie den Trikotstreifen um einen Holzring, die beiden Enden stecken Sie in die Ärmelöffnung (siehe Skizze 3). Ziehen Sie den Kräuselfaden stramm, und vernähen Sie die Öffnung gut. Wiederholen Sie diesen Vorgang noch fünfmal.

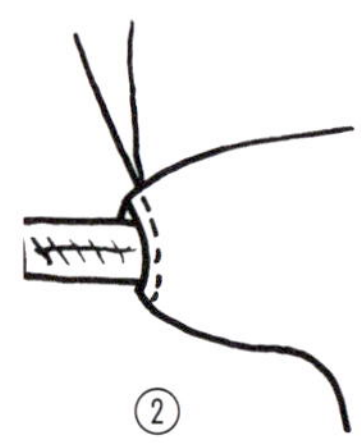

②

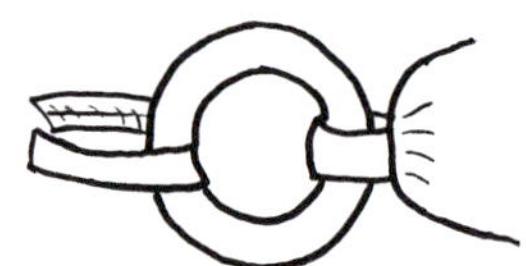

③

Die Körper werden mit Füllwatte aufgefüllt. In die Mitte setzen Sie in zwei Bären kleine Kunststoffrasseldosen ein. Nähen Sie dann die Köpfe an, und binden Sie den Bärchen Spitzenkragen um.

Um die Kette an dem Kinderwagen zu befestigen, verwenden Sie am besten ein Gummiband, das Sie an den äußeren beiden Holzringen festknoten.

Lesemaus und Leselöwe

Die Lesemaus Lulu und der Leselöwe Archibald machen jedem Bücherfan Spaß.

Schnittmuster

siehe Vorlagenbogen Seite D

Das wird gebraucht

(für ein Lesezeichen)

- *Nickistoff, 7 cm x 22 cm*
- *2 Kunstoffaugen mit Ösen, Ø 6 mm*
- *Füllwatte, ca. 10 g*
- *Perlgarn oder Sticktwist, schwarz (für die Löwennase, Schnauzen und Schnurrhaare)*
- *Baumwollkordel, farbig, ca. 20 cm lang, 3 mm breit*
- *Pompon, Ø 10 mm*
- *Lockenwolle, kastanienbraun, ca. 120 cm*
- *Häkelnadel*

So wird's gemacht

Der Kopf, die Augen und die Schnurrhaare werden nach Anleitung Seite 41 und 55 hergestellt.
Die Baumwollkordel wird an beiden Enden mit einem Knoten versehen, um das Ausfransen zu verhindern. Wenn Sie die Füllöffnung des Kopfes zunähen, nähen Sie gleichzeitig die Kordel fest mit ein.

Für den Löwen nähen Sie einen Quast aus Lockenwolle (drei Luftmaschen zu einem Kreis schließen) an den Knoten an.

Die Mähne des Löwen wird mit ca. 25 Luftmaschen gehäkelt und um das Gesicht herum festgenäht. Nase und Schnauze mit Perlgarn aufsticken.

Mäuse

Größe 15 cm und 11 cm

Eine freche Maus ist ein Geschenk für jede Gelegenheit. Wie Sie die munteren Gesellen anfertigen, finden Sie in der folgenden Schritt-für-Schritt-Anleitung.

Schnittmuster

siehe Vorlagenbogen Seite B

Das wird gebraucht

- *Werkzeug zur Holzbearbeitung: Bohrmaschine und unterschiedliche Holzbohrer, Ø 6 mm, 5 mm und 3 mm*
- *Klebstoff oder Klebepistole*

Material für die große Maus (15 cm):

- *Sisaldraht Ø 6 mm: 11,5 cm (für die Arme) und 14 cm (für die Beine)*
- *1 Holzei, 4 cm groß*
- *2 Holzschuhe, 3,2 cm*
- *2 Holzperlen Ø 10 mm*
- *1 Rundholz Ø 5 mm, 3 cm lang*
- *Wattevlies, 13 cm x 8 cm (für den Bauch) und 4 Streifen, 15 cm x 2 cm (für die Arme und Beine)*
- *Feintrikot, weiß, 20 cm x 20 cm*
- *Nicki, grau, 14,5 cm x 50 cm*
- *Füllwatte, ca. 10 g*
- *Pompon Ø 1,5 cm, schwarz*
- *Nylongarn, schwarz*
- *2 Kunststoffaugen mit Öse, Ø 6 mm*
- *Sticktwist*
- *Baumwollkordel, grau, 3 mm breit, 8 cm lang*

Material für die kleine Maus (11 cm):

- *Chenilledraht Ø 8 mm, 2 cm x 8,5 cm (für die Arme), 2 cm x 10 cm (für die Beine)*
- *1 Holzei, 3 cm groß*
- *2 Holzschuhe, 2 cm*
- *2 Holzperlen, Ø 8 mm*
- *1 Rundholz Ø 3 mm, 2 cm lang*
- *Wattevlies, 10 cm x 3,5 cm (für den Bauch)*
- *Feintrikot, weiß, 12 cm x 12 cm*
- *Nicki, grau, 11 cm x 35 cm*
- *Füllwatte, ca. 8 g*
- *Pompon, schwarz, Ø 1 cm*
- *Nylongarn, schwarz*
- *2 Kunststoffaugen mit Öse, Ø 5 mm*
- *Sticktwist*
- *Baumwollkordel, grau, 3 mm breit, 6 cm lang*

①

So wird's gemacht

① Die Eier werden an zwei Stellen durchbohrt, jeweils ca. 0,5 cm vom oberen und 0,5 cm vom unteren Rand entfernt.

② Füße und Holzkugeln werden nur wenige Millimeter tief angebohrt. Die Teile für die große Maus werden mit einem 6 mm-Bohrer bearbeitet, die Teile für die kleine Maus mit einem 3 mm-Bohrer.

Der Chenilledraht wird doppelt gelegt. Die kürzeren Stücke Chenille- und Sisaldraht werden durch die Armöffnung und die längeren Stücke durch die Beinöffnungen geführt.

③ Mit einem Kraftkleber oder mit einer Klebepistole werden Holzkugeln und Holzfüße festgeklebt.

Auf der Eispitze, genau in der Mitte, wird ein Loch gebohrt, Durchmesser 3 mm für das kleine, Durchmesser 5 mm für das große Ei, in das ein kurzes Stück Rundholzstab eingeklebt wird.

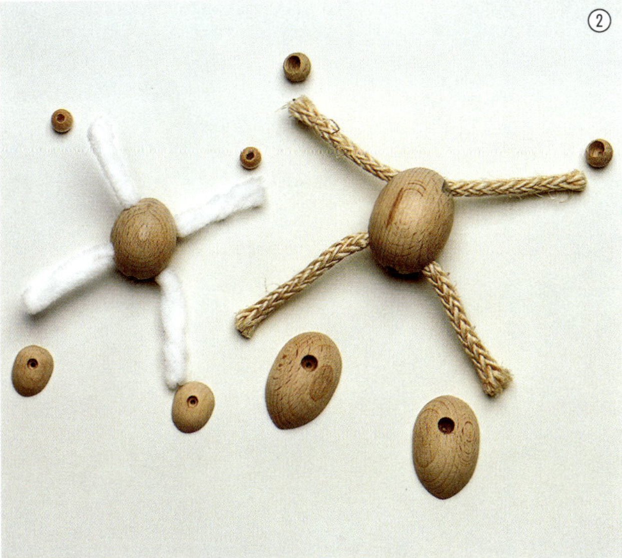
②

③

④ Die Schnittmusterteile für den Kopf und für den Anzug werden auf die Rückseite des doppelt und rechts auf rechts liegenden Nickistoffes gelegt, mit einem selbstlöschenden Stift aufgezeichnet und mit 0,5 cm Nahtzugabe ausgeschnitten.

⑤ Zuerst nähen Sie die vordere Mittelnaht und die Kinnaht, danach die Umrisse des Kopfes. Da die Ohren nicht mit Watte gefüllt werden, nähen Sie eine feine Steppnaht (siehe Seite 7) jeweils von der linken zur rechten Seite des Ohres.
Beim Anzug nähen Sie zuerst die Schulternähte, dann die Schrittnaht und anschließend die Arm- und Hosenseitennähte.

⑥ Die Schnittkanten der Ärmel- und Beinöffnungen werden ca. 1 cm nach innen eingeschlagen. 0,2 cm vom Rand entfernt werden mit reißfestem Garn Fäden im Kräuselstich (siehe Vorstich Seite 7) eingenäht.

⑦ Mit weißem Feintrikotstoff umwickeln Sie die Holzkugeln und Holzfüße und binden an den Gelenken den Stoff ab.
Für die Sisalmaus ist noch eine Körperpolsterung erforderlich.

④

⑤

⑥

⑦

Mit schmalen Streifen werden die Arme und Beine umwickelt, und ein breites Stück Vlies wickeln Sie um das Holzei.

Der Kopf wird locker mit Füllwatte gefüllt. Auf die Nasenspitze nähen Sie einen schwarzen Pompon.

Die Schnurrhaare nähen Sie wie auf Seite 41 beschrieben ein.

Das Maul sticken Sie wie auf Seite 14 beschrieben. Die Augen werden wie folgt eingearbeitet:
Fädeln Sie den Faden in die Öse des Kunststoffauges. Fädeln Sie beide Fadenenden in eine Stopfnadel. Mit einer stumpfen Sticknadel bohren Sie ein kleines Loch in den Stoff oder schneiden eine Masche des Nickistoffes auf und stechen an dieser Stelle die Nadel ein. Zielen Sie genau in den Nacken der Maus. Mit dem zweiten Auge verfahren Sie genauso und lassen die Nadel nur wenige Millimeter neben dem ersten Faden herauskommen. Beide Fadenenden ziehen Sie stramm, verknoten sie und vernähen die Enden verdeckt im Nickistoff. Den Kopf setzen Sie auf den Holzstab und nähen die Öffnung ringsherum am Vlies fest.

⑧

⑧ Durch die Halsöffnung wird der Maus der Anzug angezogen.

Zuerst ziehen Sie den Faden an der Halsöffnung zu. Sie verknoten den Faden und vernähen die Fadenenden rund um die Halsöffnung, so daß der Stoff sehr gut festgenäht ist.

An den Ärmel- und Beinöffnungen verfahren Sie genauso.

Für den Schwanz benutzen Sie graue Baumwollkordel oder einen 0,5 cm breiten Streifen Nickistoff, ca. 8 cm lang.

Mäuse jeder Art

Größe 11 cm

Hier ist ein Geldgeschenk mal besonders originell verpackt. Solche Mäuse hat sicher jeder gern im Haus!

Schnittmuster

siehe Vorlagenbogen Seite B und C

Das wird gebraucht

- *Material wie auf Seite 54 beschrieben*
- *Satinband, 3 mm breit, 15 cm lang*
- *4 Perlen, Ø 5 mm*
- *Baumwollstoff, 12 cm x 4 cm*
- *Kleines Körbchen*

So wird's gemacht

Fertigen Sie die Maus wie auf Seite 54 beschrieben an, und legen Sie ihr zum Schluß ein schönes Halstuch um (siehe Vorlagenbogen). Im Korb wird das Geldgeschenk untergebracht.

Die Mäuseschule

Größe 15 cm und 11 cm

Ein Geschenk zur Einschulung oder eine nette Überraschung für die Lehrerin.

Schnittmuster

siehe Vorlagenbogen Seite B und C

Das wird gebraucht

Material wie auf Seite 54
Für die Schürze:
- *Spitzenbatist, weiß, 12 cm x 5,5 cm; Nylonspitze, schmal, 35 cm,*
- *Schleifenband, 30 cm, Klettband, 0,5 cm*

Für den Pulli:
- *Nickistoff, 11 cm x 9 cm; 3 Knöpfe, Ø 3 mm*

Für den Kragen:
- *Filz, weiß, 7 cm x 7 cm und 2 Knöpfe, Ø 3 mm*

Für Tafel und Bänke:
- *dünnes Kiefernholz, Rechteck-, Vierkant- und Tapetenleisten, Moosgummi, schwarz*

So wird's gemacht

Nähen Sie die Mäuse wie auf Seite 54 beschrieben.

Die Schürze der kleinen Maus wird außen herum mit Nylonspitze ein-

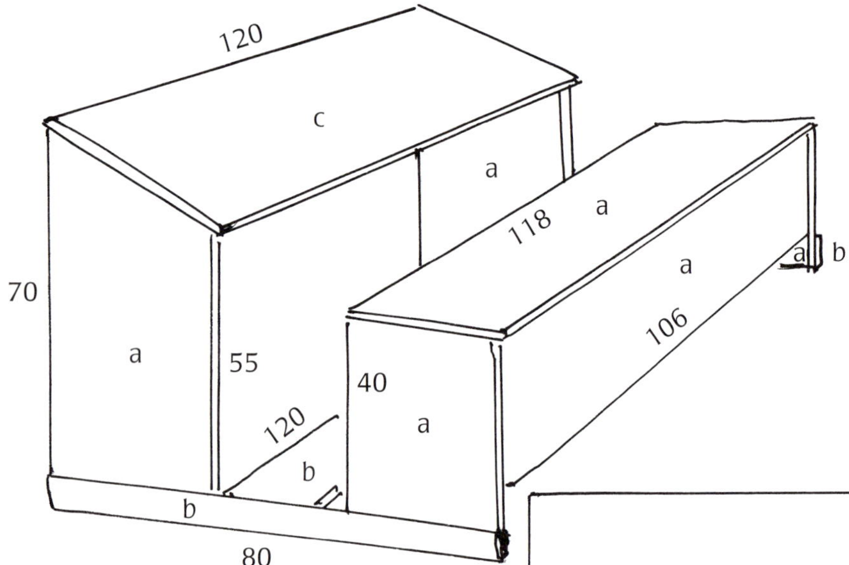

a = 5 x 30 mm Rechteckleiste
b = 4 x 18 mm Tapetenleiste
c = 4 x 36 mm Tapetenleiste

gefaßt. Halsrundung und rückwärtiger Stoffeinschnitt werden nach innen eingeschlagen und von Hand im Steppstich (siehe Seite 7) zugenäht. Als Verschluß wird Klettband angenäht.

Der Pulli der kleinen Maus wird von Hand genäht, wie auf Seite 39 beschrieben.

Der Kragen wird um den Hals herum festgenäht.

Für die Tafel und die Schulbänke schneiden Sie aus dünnem Kiefernholz die Einzelteile in den angegebenen Maßen zu und kleben sie mit der Heißklebepistole zusammen. Für die Seiten- und Standfläche verwenden Sie Rechteck-, Vierkant- oder Tapetenleisten wie angegeben. Für die Tafel schneiden Sie ein entsprechendes Rechteck aus Moosgummi zu.

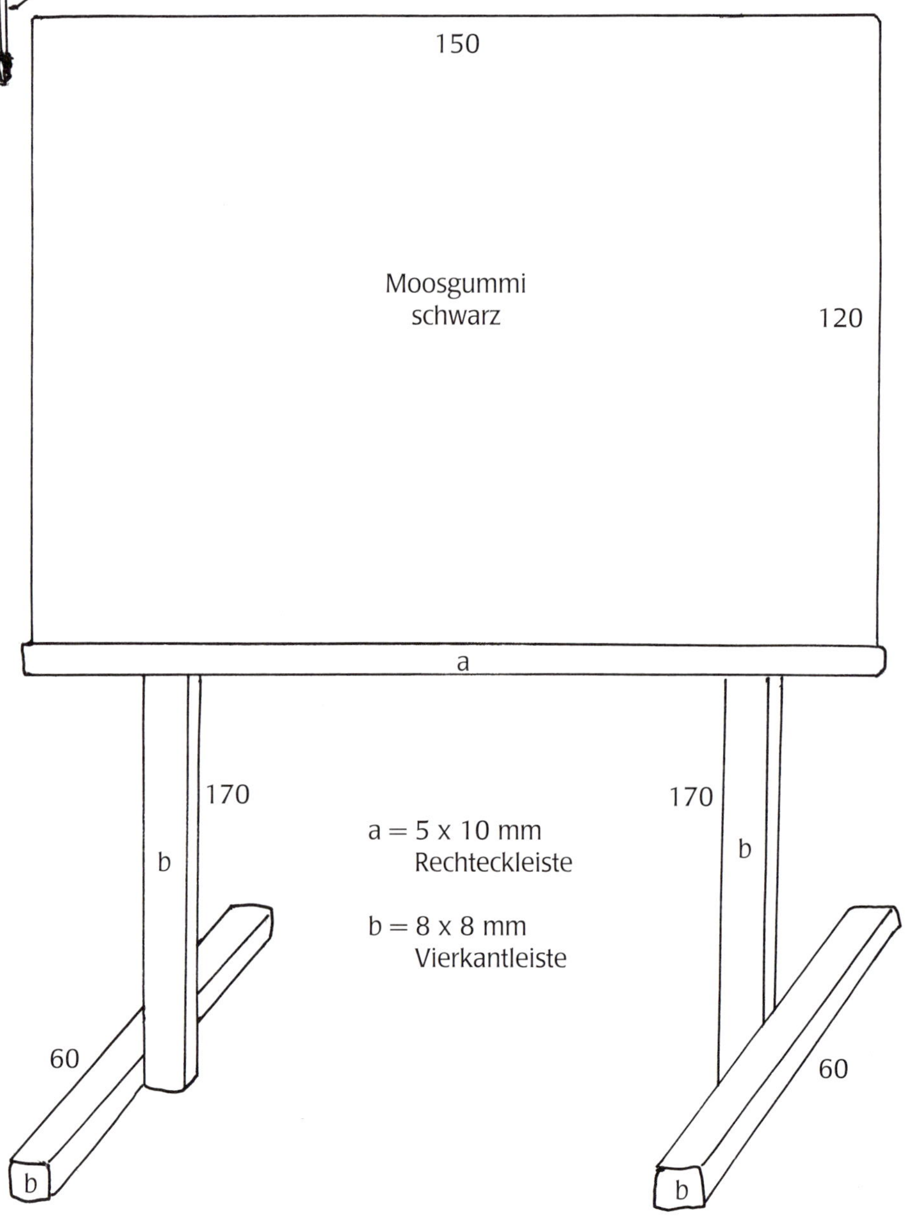

Die Erdbeermaus Fridolin

Größe 15 cm

… wäre zum Beispiel als Mitbringsel bei einem Gartenfest eine tolle Idee.

Schnittmuster

siehe Vorlagenbogen Seite B und C

Das wird gebraucht

Material wie auf Seite 54 angegeben und

- *Bastelfilz, grün, 8 cm x 8 cm (für den Kragen), 4 cm x 4 cm (für einen Erdbeerstrunk)*
- *Nickistoff mit weißen Punkten (für den Anzug und für die Erdbeeren)*

So wird's gemacht

Fertigen Sie die Maus wie auf Seite 54 beschrieben an. Und fügen Sie zum Schluß den Erdbeerkragen und ein paar leuchtendrote, kuschelweiche Erdbeeren hinzu.

Hochzeitspaar mit Brautjungfern

Größe 15 cm und 11 cm

Das etwas andere Geschenk zur Hochzeit oder zum Hochzeitsjubiläum.

Schnittmuster

siehe Vorlagenbogen Seite B

Das wird gebraucht

Material wie auf Seite 54 angegeben und für Bräutigam:

- *Nickistoff, schwarz; 14,5 cm x 39 cm, Zierknöpfe, Ø 3 mm, Satinband für eine Fliege, Zylinder Ø 5 cm;*

Braut:

- *Feintrikotstoff, weiß, 14,5 cm x 39 cm, (für den Anzug), Tupfenbatist, weiß, 10 cm x 40 cm (für das Kleid), Tüll, weiß, 10 cm x 40 cm, Nylonspitze, schmal, 150 cm*
- *Satinband, 10 cm lang, 2,5 cm breit, Satinband, 4 cm lang, 0,5 cm breit*
- *Brautstrauß*
- *Körbchen*
- *Zierblumen*
- *Papierschirmchen*

So wird's gemacht

Fertigen Sie die Mäuse nach Anleitung Seite 54 an.
Die Brautkleidung ist am aufwendigsten gearbeitet. An den Ärmel- und Beinabschlüssen des weißen Trikotanzuges wird gekräuselte Nylonspitze festgenäht.

Für den Schleier wird rund um den Tüll Nylonspitze angenäht. Eine Längsseite wird eingekräuselt und am Kopf der Maus festgenäht. Damit die Ohren herausschauen, wird der Tüll an den entsprechenden Stellen von außen vorsichtig eingeschnitten.

Für das Brautkleid schneiden Sie den Tupfenbatist in zwei Teile mit nebenstehen Maßen (siehe Skizze). Die Seiten werden zugenäht. Am oberen Rand des Stoffes nähen Sie Kräuselfäden ein, am unteren Rand nähen Sie einen Saum. Die Kräuselfäden werden zugezogen, und rund um den Hals der Maus wird der Stoff festgenäht. Vorne raffen Sie den Saum etwas nach oben und nähen eine Schleife an wie auf Seite 22/23 beschrieben.

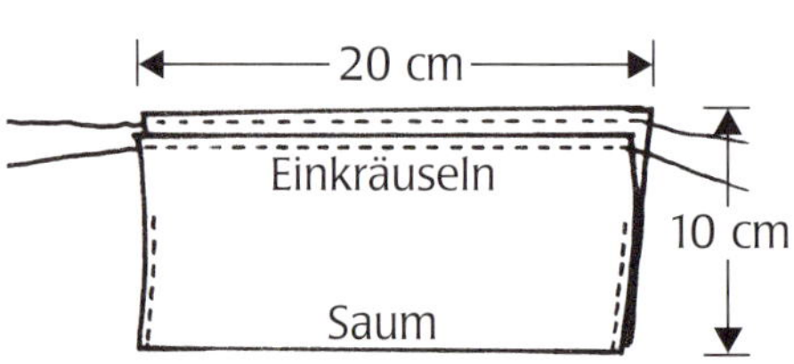

Bezugsquelle
Die meisten Materialien werden in Hobbyfachgeschäften angeboten. Sie dürfen sich gerne an mich wenden, wenn Sie Schwierigkeiten haben mit der Materialbeschaffung:

Gerda Dirx
Hindenburgstraße 94
42117 Wuppertal
Telefon 02 02 / 2 74 11 23

Zum gleichen Themenkreis sind im Augustus Verlag u.a. folgende Titel erschienen:

Dirx: Kleine Puppen selber machen
Dawidowski: Lustige Spielepuppen
Forster: Lustige Handpuppen
Forster: Zootiere aus Wolle
Witt: Schmusepuppen aus Stoff selber machen

Die Deutsche Bibliothek – CIP-Einheitsaufnahme
Kuscheltiere selber nähen : zum Spielen und Liebhaben ; mit Vorlagen in Originalgröße / Gerda Dirx. – Augsburg : Augustus-Verl., 1998
ISBN 3-8043-0578-4

Fotografie: Klaus Lipa, Augsburg
Zeichnungen: Gerda Dirx
Lektorat: Andrea Müh
Umschlaggestaltung: Christa Manner, München

Layout: Anton Walter, Gundelfingen

AUGUSTUS VERLAG AUGSBURG 1998

Satz: Gesetzt aus 10 Punkt Poppl-Laudatio in QuarkXPress von DTP-Design Walter, Gundelfingen
Reproduktion: GAV PrePress, Gerstetten
Druck und Bindung: Appl, Wemding

Gedruckt auf 115 g umweltfreundlich chlorfrei gebleichtes Papier.

ISBN 3-8043-0578-4
Printed in Germany